虹鳟“水科 1 号”（上面为雌鱼，下面为雄鱼）

禾花鲤“乳源 1 号”

翘嘴鳜“广清 1 号”

建鲤 2 号

鳎优 1 号

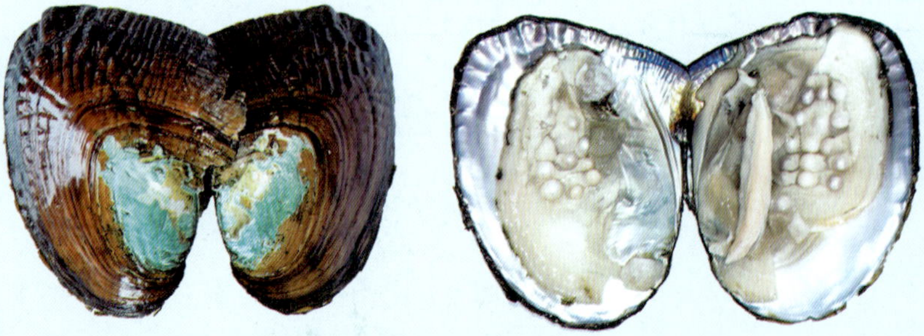

三角帆蚌“申浙 3 号”

斑马蛤 2 号

皱纹盘鲍“寻山 1 号”

文蛤“科浙 2 号”

海带“中宝1号”

翘嘴鳜“鼎鳜1号”

2021水产新品种推广指南

2021 SHUICHAN XINPINZHONG TUIGUANG ZHINAN

全国水产技术推广总站　编

中国农业出版社
北　京

图书在版编目（CIP）数据

2021水产新品种推广指南 / 全国水产技术推广总站编．—北京：中国农业出版社，2021.9
ISBN 978-7-109-28677-1

Ⅰ.①2… Ⅱ.①全… Ⅲ.①水产养殖—指南 Ⅳ.①S96-62

中国版本图书馆CIP数据核字（2021）第160556号

中国农业出版社出版
地址：北京市朝阳区麦子店街18号楼
邮编：100125
责任编辑：王金环　　文字编辑：蔺雅婷
版式设计：王　晨　　责任校对：刘丽香
印刷：北京中兴印刷有限公司
版次：2021年9月第1版
印次：2021年9月北京第1次印刷
发行：新华书店北京发行所
开本：700mm×1000mm　1/16
印张：8.5　　插页：2
字数：180千字
定价：58.00元

《2021 水产新品种推广指南》

编　委　会

前言

2021年7月28日，农业农村部第451号公告公布了第六届全国水产原种和良种审定委员会第三次会议审议通过的11个水产新品种。为促进这些新品种在水产养殖生产中的推广应用，我们组织相关单位的苗种培育和养殖技术专家编写了本书。

本书重点介绍了新品种的培育过程、品种特性、人工繁殖及养殖技术等，提供了良种供应单位信息，可供水产科研、推广、养殖技术人员和养殖生产者参考。

需要说明的是，水产新品种不适宜进行人工增殖放流，杂交新品种须在人工可控的环境下养殖。

本书的编写得到了新品种培育单位育种科技人员的大力支持，在此表示衷心感谢！因编者水平有限，书中不妥之处，敬请广大读者批评指正。

编 者

2021年8月

目录

中华人民共和国农业农村部公告
第451号

虹鳟“水科1号”等11个水产新品种，业经全国水产原种和良种审定委员会审定通过，且公示期满无异议。根据《中华人民共和国渔业法》有关规定，现予公告。

附件：1. 2021年审定通过的水产新品种

2. 水产新品种简介

农业农村部

2021年7月28日

附件1

2021年审定通过的水产新品种

序号	品种登记号	品种名称	育种单位
1	GS-01-001-2021	虹鳟“水科1号”	中国水产科学研究院黑龙江水产研究所
2	GS-01-002-2021	禾花鲤“乳源1号”	中国水产科学研究院珠江水产研究所、乳源瑶族自治县畜牧兽医水产事务中心、广东省渔业技术推广总站、乳源瑶族自治县一峰农业发展有限公司、广东梁氏水产种业有限公司
3	GS-01-003-2021	翘嘴鳜“广清1号”	中国水产科学研究院珠江水产研究所、清远市清新区宇顺农牧渔业科技服务有限公司
4	GS-01-004-2021	建鲤2号	中国水产科学研究院淡水渔业研究中心、深圳华大海洋科技有限公司
5	GS-01-005-2021	半滑舌鳎“鳎优1号”	中国水产科学研究院黄海水产研究所、海阳市黄海水产有限公司、唐山市维卓水产养殖有限公司、莱州明波水产有限公司、天津市水产研究所
6	GS-01-006-2021	三角帆蚌“申浙3号”	上海海洋大学、金华市浙星珍珠商贸有限公司、武义伟民水产养殖有限公司

（续）

序号	品种登记号	品种名称	育种单位
7	GS-01-007-2021	菲律宾蛤仔“斑马蛤 2 号”	大连海洋大学、中国科学院海洋研究所
8	GS-01-008-2021	皱纹盘鲍“寻山 1 号”	威海长青海洋科技股份有限公司、浙江海洋大学、中国海洋大学
9	GS-02-001-2021	文蛤“科浙 2 号”	中国科学院海洋研究所、浙江省海洋水产养殖研究所
10	GS-02-002-2021	海带“中宝 1 号”	中国科学院海洋研究所、大连海宝渔业有限公司
11	GS-04-001-2021	全雌翘嘴鳜“鼎鳜 1 号”	广东梁氏水产种业有限公司、中山大学

附件 2

水产新品种简介

一、水产新品种登记说明

全国水产原种和良种审定委员会审定通过的水产新品种登记号说明如下：

（一）“G”为“国”的第一个拼音字母，“S”为“审”的第一个拼音字母，以示国家审定通过的品种。

（二）“01”“02”“03”“04”分别表示选育、杂交、引进和其他类品种。

（三）“001”“002”……为品种顺序号。

（四）“2021”为审定通过的年份。

如：“GS-01-001-2021”为虹鳟“水科 1 号”的品种登记号，表示 2021 年国家审定通过的排序 1 号的选育品种。

二、水产新品种简介

（一）虹鳟“水科 1 号”

水产新品种登记号：GS-01-001-2021

亲本来源：虹鳟养殖群体

育种单位：中国水产科学研究院黑龙江水产研究所

简介：该品种是以 1959—1995 年从朝鲜、美国、丹麦和挪威引进的虹鳟后代群体中挑选出的 500 尾个体为原始亲本，2004 年通过完全双列杂交建立自交、正反交家系形成选育基础群体，以生长速度为目标性状，采用家系选育技术，经连续 4 代选育而成。在相同养殖条件下，与未经选育的虹鳟相比，生长速度平均提高 21.9%。适宜在我国虹鳟主产区人工可控的淡水水体中养殖。

(二) 禾花鲤“乳源1号”

水产新品种登记号：GS－01－002－2021

亲本来源：华南鲤稻田养殖群体（俗称禾花鲤）和珠江水系北江野生群体

育种单位：中国水产科学研究院珠江水产研究所、乳源瑶族自治县畜牧兽医水产事务中心、广东省渔业技术推广总站、乳源瑶族自治县一峰农业发展有限公司、广东梁氏水产种业有限公司

简介：该品种是以2010年分别从广东省乳源瑶族自治县华南鲤稻田养殖群体和珠江水系北江华南鲤野生群体中收集挑选的200尾个体为基础群体，以生长速度和体形为目标性状，采用群体选育技术，经连续5代选育而成。在相同的稻田养殖条件下，与当地普通养殖的禾花鲤相比，10月龄鱼生长速度平均提高29.26%，体长/体高和尾柄长/尾柄高分别平均降低25.8%和22.51%，体形短圆，跳跃能力弱。适宜在广东、广西、贵州、湖南等地人工可控的稻田水体中养殖。

(三) 翘嘴鳜“广清1号”

水产新品种登记号：GS－01－003－2021

亲本来源：翘嘴鳜安徽秋浦河、洞庭湖野生群体以及翘嘴鳜“华康1号”选育群体

育种单位：中国水产科学研究院珠江水产研究所、清远市清新区宇顺农牧渔业科技服务有限公司

简介：该品种是以2013年从安徽秋浦河、洞庭湖收集的翘嘴鳜野生群体和清远市清新区宇顺农牧渔业科技服务有限公司保种的翘嘴鳜“华康1号”选育群体中挑选的600尾个体为基础群体，以生长速度和成活率为目标性状，采用家系选育技术，经连续4代选育而成。在相同养殖条件下，与翘嘴鳜“华康1号”相比，生长速度平均提高16.3%，成活率平均提高12.6%。适宜在广东、湖北、江苏和安徽等地人工可控的淡水水体中养殖。

(四) 建鲤2号

水产新品种登记号：GS－01－004－2021

亲本来源：建鲤养殖群体

育种单位：中国水产科学研究院淡水渔业研究中心、深圳华大海洋科技有限公司

简介：该品种是以2009年从中国水产科学研究院淡水渔业研究中心宜兴屺亭科研实验基地保存的建鲤后代群体中挑选出的4 000尾个体为基础群体，

以生长速度为目标性状，采用群体选育和分子标记辅助育种技术，经连续 4 代选育而成。在相同养殖条件下，与建鲤相比，12 月龄鱼生长速度平均提高 17.7%；体长/体高平均值 3.11，保持了建鲤的长体形。适宜在我国建鲤养殖主产区人工可控的水体中养殖。

（五）半滑舌鳎“鳎优 1 号”

水产新品种登记号：GS－01－005－2021

亲本来源：半滑舌鳎养殖群体和野生群体

育种单位：中国水产科学研究院黄海水产研究所、海阳市黄海水产有限公司、唐山市维卓水产养殖有限公司、莱州明波水产有限公司、天津市水产研究所

简介：该品种是以 2004—2010 年从山东莱州、海阳、昌邑收集的 1 500 尾养殖半滑舌鳎和从渤海湾采捕的 200 尾野生半滑舌鳎为基础群体，以体重和抗病性为目标性状，采用家系选育和全基因组选择技术，经连续 4 代选育而成。在相同养殖条件下，与未经选育的半滑舌鳎相比，抗哈维氏弧菌能力平均提高 30.9%，18 月龄鱼的体重平均提高 17.7%，养殖成活率平均提高 15.7%，适宜在河北、山东、天津等沿海人工可控的海水水体中养殖。

（六）三角帆蚌“申浙 3 号”

水产新品种登记号：GS－01－006－2021

亲本来源：三角帆蚌鄱阳湖和洞庭湖野生群体

育种单位：上海海洋大学、金华市浙星珍珠商贸有限公司、武义伟民水产养殖有限公司

简介：该品种是以 2001—2002 年从鄱阳湖和洞庭湖三角帆蚌野生群体中分别收集挑选的 450 只和 350 只个体为基础群体，以体重和壳宽为目标性状，采用群体选育技术，经连续 4 代选育而成。在相同养殖条件下，与未经选育的三角帆蚌相比，4 龄蚌体重平均提高 16.2%，壳宽平均提高 10.3%，单蚌产 8 毫米以上无核珍珠比例平均提高 20.5%，单蚌产 10 毫米以上有核珍珠比例平均提高 23.0%。适宜在我国淡水珍珠养殖主产区人工可控的水体中养殖。

（七）菲律宾蛤仔“斑马蛤 2 号”

水产新品种登记号：GS－01－007－2021

亲本来源：菲律宾蛤仔辽宁大连野生群体

育种单位：大连海洋大学、中国科学院海洋研究所

简介：该品种是以 2011 年从辽宁大连石河菲律宾蛤仔野生群体中挑选的 600 只个体为基础群体，以壳色和生长速度为目标性状，采用群体选育技术，

经连续4代选育而成。贝壳为暗灰底色、斑马状花纹。在相同养殖条件下，与未经选育的菲律宾蛤仔相比，12月龄贝壳长提高10.6%，全湿重提高19.5%；与菲律宾蛤仔“斑马蛤”相比，生长速度无显著差异，在北方滩涂和浅海的越冬成活率高。适宜在辽宁、山东和江苏等沿海人工可控的海水水体中养殖。

（八）皱纹盘鲍“寻山1号”

水产新品种登记号：GS－01－008－2021

亲本来源：皱纹盘鲍山东荣成野生群体

育种单位：威海长青海洋科技股份有限公司、浙江海洋大学、中国海洋大学

简介：该品种是以1994年从山东荣成桑沟湾和爱莲湾采捕的10 200头野生皱纹盘鲍为基础群体，以壳长为目标性状，采用群体选育技术，经连续6代选育而成。在相同养殖环境及北方周年养殖条件下，与同龄普通养殖皱纹盘鲍相比，18月龄鲍壳长平均提高18.7%。适宜在山东和辽宁沿海人工可控的海水水体中养殖。

（九）文蛤“科浙2号”

水产新品种登记号：GS－02－001－2021

亲本来源：文蛤抗副溶血弧菌紫壳色选育群体（A）♀×文蛤抗副溶血弧菌兼生长速度快选育群体（Bg）♂

育种单位：中国科学院海洋研究所、浙江省海洋水产养殖研究所

简介：自2006年起，以抗弧菌病和生长速度为目标性状，对收集于山东东营和江苏南通的野生文蛤的随机交配群体采取人工感染副溶血弧菌和分子标记辅助方法，经连续4代选育出抗副溶血弧菌紫壳色群体（A）、抗副溶血弧菌兼生长速度快群体（Bg）和抗副溶血弧菌杂壳色群体（BF）；通过对上述三个选育群体进行杂交配合力分析，筛选出抗副溶血弧菌紫壳色选育群体（A）为母本、抗副溶血弧菌兼生长速度快选育群体（Bg）为父本的杂交组合，经杂交获得的F_1，即为文蛤“科浙2号”。在相同养殖条件下，该品种与未经选育的文蛤相比，抗副溶血弧菌能力平均提高44.2%，养殖成活率平均提高28.2%，产量平均提高25.6%。适宜在浙江、山东等沿海人工可控的池塘和滩涂中养殖。

（十）海带“中宝1号”

水产新品种登记号：GS－02－002－2021

亲本来源：（韩国野生海带♀×荣成栽培海带♂）♀×荣成栽培海带自交系♂

育种单位：中国科学院海洋研究所、大连海宝渔业有限公司

简介：该品种是以 2008 年从山东荣成栽培群体中采集的一株海带个体并经连续 5 代自交培育获得的子代中筛选的雄配子体细胞系为父本，以 2011 年从韩国野生海带雌配子体细胞系（♀）与山东荣成栽培海带群体雄配子体细胞系（♂）杂交组合子代中筛选的雌配子体细胞系为母本，经杂交获得的 F_1，即为海带“中宝 1 号”。具有晚熟特点，在 4—8 月期间栽培海带的主体部分不形成孢子囊。在北方地区的相同栽培条件下，与普通养殖海带相比，7 月中下旬产量平均提高 63.9％，烫菜加工出成率提高 10％以上。适宜在辽宁、山东等沿海人工可控的海水水体中栽培。

（十一）全雌翘嘴鳜“鼎鳜 1 号”

水产新品种登记号：GS－04－001－2021

亲本来源：湖南省水产原种场保种的翘嘴鳜洞庭湖野生群体

育种单位：广东梁氏水产种业有限公司、中山大学

简介：该品种是以 2009—2010 年从湖南省水产原种场引进后经以生长速度为目标性状的 4 代群体选育获得的翘嘴鳜选育系雌鱼（XX）为母本，以性别控制技术诱导翘嘴鳜全雌子代［通过性别控制技术诱导翘嘴鳜选育系产生的生理雄鱼（XX′）与同期培育雌鱼交配获得］获得的生理雄鱼（XX′）为父本，经交配繁殖获得的 F_1，即全雌翘嘴鳜“鼎鳜 1 号”。在相同养殖条件下，与未经选育的翘嘴鳜相比，7 月龄鱼生长速度平均提高 18.7％；雌性率较高，平均雌性率为 97.0％以上。适宜在广东、江西、湖北和江苏等地人工可控的淡水水体中养殖。

虹鳟“水科1号”

一、品种概况

虹鳟
“水科1号”

（一）培育背景

鲑鳟鱼类是世界第一大水产贸易品种，投资回报率非常高，淡水养殖品种以虹鳟为主。虹鳟（*Oncorhynchus mykiss*）属鲑形目（Salmoniformes）、鲑科（Salmonidae）、鲑亚科（Salmoninae），原产于北美地区。1959年以来，我国先后从不同国家引进了数个虹鳟养殖品种。根据《2020中国渔业统计年鉴》，2019年，我国鲑鳟鱼类淡水养殖产量为4.1万吨（鲑0.2万吨、鳟3.9万吨），其中以进口虹鳟养殖品种为主。目前，国际上主要有美国道氏、西班牙皮斯、芬兰娅洛等8个虹鳟养殖品种，而我国仅有1个养殖品种——甘肃金鳟。每年我国的虹鳟发眼卵市场需求是0.8亿～1亿粒，其中从国外引进2 000万～3 500万粒，耗费了不少外汇。在人们高度关注生活品质和食品安全的今天，虹鳟产业正在逐步受到社会的关注和追捧，优良品种、产业规模和技术需求在不断提升，已经形成了一定的产业规模，产生了巨大的经济效益和社会效益。然而，由于亲鱼群体小，长期近亲繁殖，养殖鱼的生产性能和品质严重退化，成为我国虹鳟养殖业发展的一个重要瓶颈。现今国内鲑鳟产业面临着良种匮乏，现有虹鳟群体生长速度慢（养殖3年仅为2千克）、性早熟（1.5龄性成熟）、抗病力降低（病害频发）等问题。因此，良种培育是现阶段我国虹鳟产业急需解决的重要问题之一，必须集中财力、物力和人力，在广泛收集地理品系的基础上，应用育种新技术选育适合我国养殖环境的虹鳟良种，以不断满足我国虹鳟产业化的需求。

2004年以来，中国水产科学研究院黑龙江水产研究所（以下简称黑龙江水产研究所）以美国加州虹鳟、美国道氏虹鳟、丹麦虹鳟、挪威虹鳟、渤海虹鳟等5个不同虹鳟养殖品种为原始亲本，通过完全双列杂交方式建立基础群体，利用家系选育技术，采用电子芯片注射标记所有个体，根据家系生长性能，运用混合模型估算育种值进行选育，经过连续4代选育，获得生长速度快的新品种虹鳟“水科1号”。虹鳟“水科1号”具有良好的抗逆性、较高的饲料转化率，可节约资源、减少药物使用，其推广养殖有助于推动虹鳟产业实现绿色高质量发展。

（二）育种过程

1. 亲本来源

虹鳟“水科 1 号”的原始亲本包括美国加州虹鳟、美国道氏虹鳟、丹麦虹鳟、挪威虹鳟、渤海虹鳟等 5 个不同虹鳟养殖品种。渤海虹鳟是 1959 年周恩来在访问朝鲜时收到的“国礼”，在黑龙江水产研究所进行种质保存形成的遗传群体。美国道氏虹鳟，于 1984 年从美国引进，具有生长速度快的优良性状。美国加州虹鳟、丹麦虹鳟、挪威虹鳟是在 1995 年分别从美国、丹麦、挪威引进，经黑龙江水产研究所培育的后代。

2. 技术路线

虹鳟“水科 1 号”新品种选育的技术路线如图 1 所示。

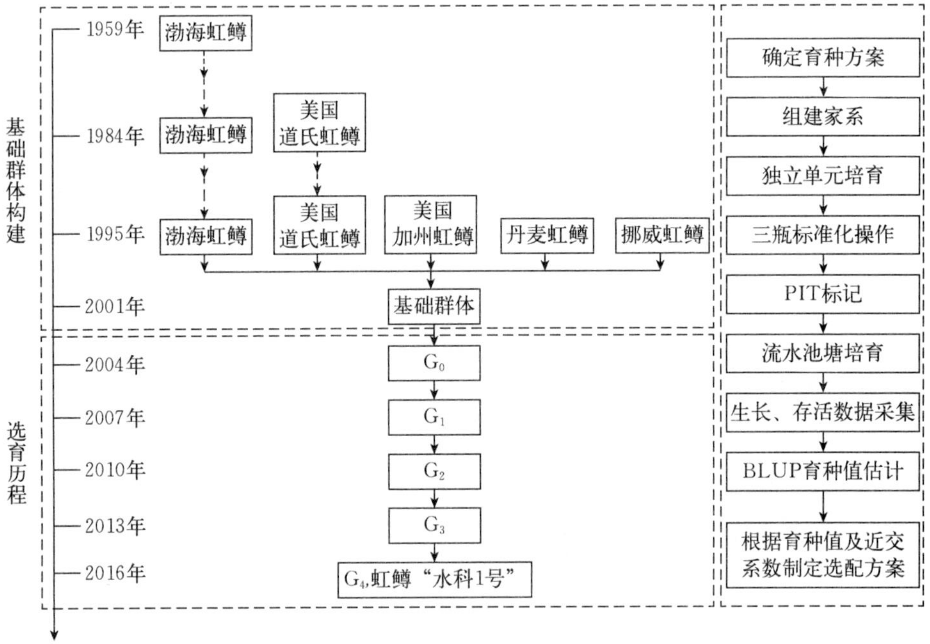

图 1　虹鳟“水科 1 号”选育技术路线

3. 选育过程

2004 年 12 月，从引进的美国道氏虹鳟、美国加州虹鳟、丹麦虹鳟、挪威虹鳟和渤海虹鳟中挑选生产性状优良的个体作为亲本，采用 Griffing 完全双列杂交的配组方式，构建 75 个 G_0 代家系。获得的鱼苗在独立单元经 3 次标准化操作至50克左右时，在每个家系随机选取50尾进行PIT标记（passive integrated transponder tag，电子芯片标记）。将标记好的鱼放入流水池塘进行饲育，每年对所有个体进行3次表型数据采集。运用MTDFREML软件得到每一尾存活的雌、雄鱼的育种值，之后依据估算育种值，结合其家系背景信息构建下一代亲本配组方案，按照近交管理要求，严禁父、母本来自同一家系，以1∶1的雌雄比例进行配对组建G_1家系。

2007年12月，根据配组方案设计，构建G_1代72个选育家系（育种值排名靠前），在体重达到50克时，按上述方法进行PIT标记，并依据数量遗传学统计原理，运用ASREML软件分析数据，根据估算育种值，结合家系背景设计下一代亲本配组方案，严禁父、母本来自同一家系或亲缘关系较近的家系，以1∶1的雌雄比例进行配对组建家系，并建立表型值等系谱信息数据库（以下同）。

2010年12月，按上述方法配组获得G_2代家系，实际建立67个家系。

2013年12月，按上述方法配组获得G_3代家系，实际建立87个家系。

2016年12月，按上述方法配组获得G_4代家系，建立99个家系。

（三）品种特性和中试情况

1. 品种特征和优良性状

（1）生长快　经过4代选育，在相同养殖条件下，虹鳟“水科1号”的生长速度较对照组提高21.89%。

（2）成活率高　在相同养殖条件下，虹鳟“水科1号”的养殖成活率较对照组提高8.57%。

2. 中试情况

（1）选点情况　根据我国虹鳟养殖区域特点，2017—2019年在我国河北、云南、四川等虹鳟主养地区开展了连续两年的生产性养殖试验与示范推广，养殖形式以直流水为主。为验证选育效果，从2017年起，陆续在四川、云南、河北、辽宁、甘肃、新疆、湖南等地区进行了生产性对比试验。

（2）试验方法　随机采样测定放养入池前和出池时的个体体重；生产生长性能比较采用净增重、变异系数、日增重等指标；试验用的鱼苗下塘前均进行药浴，各池塘在日常养殖管理中投喂时间、次数及投饵率相同，在鱼种不同生产阶段投喂适宜规格的颗粒饲料，使各池养殖条件尽量相同。饲料转化率根据试验期间各塘所用的饲料量与增重量进行测定。饲养成活率根据试验测定的放养数量和出池数量计算。

（3）试验结果　在河北赤城县丰池冷水鱼养殖有限公司和阜平县鲜友水产养殖场进行测产试验，在相同的养殖周期内，虹鳟“水科1号”与对照组相比，平均体重增长了23.98%，成活率提高了11.19%，体重变异系数降低了31.66%，饲料系数降低了12.92%。结果表明，虹鳟“水科1号”在生长速度、抗逆性、成活率、均匀度和养殖效益方面均优于对照组，增产效果显著，经济效益显著。

在云南昆明倘浩水产养殖有限公司和会泽滇泽水产养殖有限公司的养殖基地进行测产试验，在相同的养殖周期内，虹鳟“水科1号”与对照组相比，平均体重增长了21.30%，成活率提高了6.87%，体重变异系数降低了20.73%。说明虹鳟“水科1号”的个体均匀度较高，产量和成活率显著优于对照组，适合在云南主要养殖地区养殖。

在四川彭州涌泉冷水渔业有限公司和都江堰新联水产养殖有限公司进行测产试验，在相同的养殖周期内，虹鳟“水科1号”与对照组相比，平均体重增长20.39%，成活率提高7.81%，体重变异系数降低了27.24%，饲料系数降低15.94%。虹鳟“水科1号”在生长速度、抗逆性和养殖成本上均优于对照组，同时，每平方米水面虹鳟“水科1号”相比对照组可增产3.5～4千克，经济效益显著。

在黑龙江、河北、四川、云南等地的池塘进行虹鳟“水科1号”的连续两年生长对比试验，结果显示，虹鳟“水科1号”的生长速度较对照组平均提高21.89%，成活率也比对照组提高8.57%；体重变异系数仅为7.72%，规格均匀性好，经济效益高。

2017—2019年，共生产中试虹鳟“水科1号”发眼卵1 000万粒，在全国冷水鱼主养区进行中试养殖，累计中试面积达到11.38万米^2，经济效益和社会效益显著。

四川润生三文鱼产业有限公司2017—2019年引进虹鳟“水科1号”发眼卵共计50万粒，经繁育养殖，对比对照组，该品种苗种成活率提高10%，生长速度提高17%以上，每平方米产量提高17%以上，每平方米新增利润119元以上，3年累计新增效益86.2万元，总经济效益达到440余万元。在获得显著经济效益的同时，满足了当地市场的需求，社会效益显著。

云南丽江绿雪庄生态文化发展有限公司2017—2019年引进、繁育虹鳟“水科1号”发眼卵共计70万粒，与对照组相比，该品种苗种成活率高，生长速度提高15%以上，每平方米产量提高15%以上，每平方米新增利润260元以上，3年新增效益291.7万元。

河北赤城县丰池冷水鱼养殖有限公司2017—2019年引进虹鳟“水科1号”发眼卵共计90万粒，经孵化管理，培育后进行大规模养殖，养殖面积达8 600米^2，单位产量提高20%以上，累计新增产值205.3万元，新增利润136.9万元。虹鳟“水科1号”生长速度快、存活率高且产量高，相比对照组，其生长速度提高20%以上，存活率提高10%以上。

新疆温泉县泉水源冷水鱼养殖与销售专业合作社于2017—2019年引进虹鳟“水科1号”发眼卵30万粒，经孵化、培育，与对照组进行对比试验，抽样结果显示该新品种较对照组的苗种成活率提高7.33%，生长速度提高17%以上，表现出生长速度快、成活率高、出池规格一致的优势，深受当地养殖业主的喜欢，同时每平方米产量增加15%以上，每平方米单产收益提高147元以上，3年累计新增效益91万元，产量和收益均大幅提高。

新疆温泉县鲑鳟渔业养殖专业合作社2017—2019年连续3年引进、繁育虹鳟“水科1号”发眼卵共计30万粒，与对照组相比，该品种苗种成活率高，生长速度提高15%以上，每平方米产量可提高15%以上，每平方米新增利润147元以上，3年新增效益59.68万元。

辽宁本溪艾格莫林实业有限公司于2017—2019年引进虹鳟“水科1号”发眼卵共计100万粒，经孵化培育进行大规模养殖。养殖过程中与对照组进行比较，结果显示该新品种苗种成活率较高、抗逆性较强，同时生长速度提高15%以上，规格均一性好，每平方米产量增加了15%以上，每平方米单产收益增加180元以上，3年累计新增纯收益308.4万元，产量和经济效益大幅提高。

甘肃土著鱼类养殖开发有限公司引进虹鳟“水科1号”发眼卵50万粒，并进行了养殖面积近6 000米^{2}的池塘中试养殖试验，与对照组相比，该品种存活率高，生长速度快15%以上，每平方米产量可提高15%以上，每平方米新增纯收益超过130元，新增经济效益为94万元，产量和经济效益大幅增加。

甘肃金昌市金川河渔业有限公司于2017—2019年引进虹鳟“水科1号”发眼卵共计85万粒，与对照组相比，该品种的苗种成活率较高，达到85%以上，生长速度快15%以上，相同养殖条件下每平方米产量增加16%以上，每平方米新增收益160元以上，3年累计新增纯收益200.6万元，总经济效益达到1 083.75万元。

湖南资兴市东江鳟鱼庄冷水鱼养殖有限责任公司2017—2019年引进虹鳟“水科1号”发眼卵共计120万粒进行孵化养殖，利用网箱养殖产出商品鱼达550吨。与对照组相比，该品种存活率高，苗种成活率达92%以上，生长速度快15%以上。单位产量可提高17%以上，每平方米新增纯收益超过200元，总经济效益达1 650万元（养殖面积15.7亩*）。此外，该品种规格一致性好，适宜轮捕轮放，利于养殖设施的有效利用，市场认可度较高。

* 亩为非法定计量单位，15亩=1公顷，下同。——编者注

二、人工繁殖技术

（一）亲本选择与培育

1. 亲本来源

亲本均为黑龙江水产研究所或授权单位利用家系选育技术生产的有明确系谱记录的种质。体质健壮、无病、无伤、无畸形。雌鱼3～5龄，雄鱼3龄，体重在2千克/尾以上。

2. 亲鱼培育

亲鱼培育水温4～19℃，产卵前2个月水温不得超过12℃。放养前10～15天用75～150千克/亩的生石灰带水或干塘消毒，放养量5～10千克/米^3，按3∶1雌雄比例混养。产卵前1个月分池饲养，雄鱼池塘设在雌鱼池塘的前面。饲料投喂要及时、充足，过于饱食不利于亲鱼的成熟和卵质的提高，通常按照鱼体重的1%计算出每日投饲量，以此为投喂基数。亲鱼进入产卵期前1个月按照投喂基数的50%进行投饲；进入产卵期后，按照投喂基数的30%进行投饲；产卵结束后1个月按照投喂基数的70%进行投饲。但对初产鱼不宜限制投饲，特别是在卵黄形成期以前，否则会使怀卵量减少。亲鱼饲料的粗蛋白含量不低于38%，粗脂肪不高于6%，碳水化合物不高于12%。每千克饲料中，维生素A不低于20 000国际单位，维生素D不低于2 000国际单位，维生素E不低于75毫克。水体溶解氧应保持在7毫克/升以上。

（二）人工繁殖

1. 人工繁殖前准备工作

进入繁殖期后，每周对亲鱼进行1次成熟情况检查，检查时动作要轻，防止对鱼体的机械损伤和冻伤，对已成熟的雌鱼应及时采卵，防止过熟。

雌亲鱼成熟特征：腹部膨大而柔软，生殖孔红肿外突，用手倒提鱼观察，鱼腹部有明显的下坠，轻压腹部有卵粒流出。雄亲鱼成熟特征：腹部没有明显的膨大，轻压腹部有精液流出。

利用电子标记扫描设备及笔记本电脑查询个体亲缘关系。将成熟亲鱼按雌雄比4∶1的比例分别移入室内暂养池，暂养池要保持水流的畅通，尾排水的溶解氧保持在6毫克/升以上，防止亲鱼从暂养池跳出。准备干燥脸盆、干燥毛巾、羽毛、麻醉剂。配制生理盐水（BSS：7.5克 $NaCl$、0.2克 KCl、0.2克$CaCl_2 \cdot 2H_2O$、0.02克 $NaHCO_3$ 溶于1 000毫升蒸馏水中），并将其温度调整到和产卵水温一致。

2. 产卵与授精

（1）精液采集　对在暂养池暂养的雄鱼逐条进行精子活力镜检，淘汰精子活力弱的和没有精子活力的亲鱼，将精子活力好的精液根据需要量采集在三角瓶或小烧杯中，在精液采集时严格禁止水、鱼的粪便混入精液，将采集好的不同雄鱼的精液混合，在4℃下避光保存。

（2）采卵　向干燥好的采卵盆中加入约1/3的BSS，将采卵盆放在采卵台上。将亲鱼放在麻醉剂中麻醉3分钟。采卵人员一只手戴线手套，另一只手戴光滑手套。用戴线手套的手抓住已经麻醉好的亲鱼尾柄，拿到采卵台前，先用干毛巾擦掉生殖孔及鱼体上的水，然后用戴光滑手套的手进行采卵操作，动作要轻柔，避免鱼体受伤，采卵完成后要对鱼体挤压部位用70%～75%酒精或红汞溶液消毒。每个脸盆可用于5尾鱼产卵（15 000～30 000粒）。

（3）授精　每个脸盆中的卵需用BSS反复清洗，BSS要沿着盆壁缓慢倒入、倒出，将鱼卵中的破损卵、体腔液、粪便洗净即可。具体方法为：加入BSS，使其刚刚淹没鱼卵。用吸管加入3～4毫升精液。用羽毛轻轻搅拌1分钟后静止4分钟。加入少量清水（沿着盆壁缓慢倒入）静止5分钟。用清水冲洗2～3次（沿着盆壁缓慢倒入、倒出）。静止60～90分钟。在受精卵膨胀有硬度后，放入孵化器或孵化桶，每个桶放4～5升，盘式孵化器为1.5～2升。

（4）孵化　采用桶式或盘式流水孵化，在孵化过程中，受精卵要避免光线直射和振动，每天用溴硝基丙二醇消毒1次，每次持续15分钟，浓度为500毫克/千克。10℃水温条件下，18天后卵可到发眼阶段，65天可出苗，进入苗种培育阶段。

（三）苗种培育

1. 设施消毒

鱼苗投放前5～7天，平列槽用500毫克/千克聚维酮碘浸泡消毒，水泥池用生石灰进行消毒。

2. 密度与水量

在饲育水温度为10℃时，上浮苗种可在平列槽中饲养2周后移入稚鱼池中，亦可直接放入稚鱼池中饲养。稚鱼池应设置在水流上游，鱼池宽1.5～2.5米，长15米或20米，高50～60厘米。饲养密度：尾重0.5克前在平列槽内为0.5万～1万尾/米^2，注水量为每10万尾1升/秒；尾重2克前在水泥苗种池为1 200～5 000尾/米^2，注水量为每10万尾2～3升/秒。

3. 饲养管理

（1）投饲管理　饲育水温度10℃下，鱼体规格为0.1～0.5克时，每日投喂次数不少于10次，每日投喂配合饲料占鱼体总重的7%～8%；鱼体规格为0.5～2克时，每日投喂次数不少于8次，每日投喂配合饲料占鱼体总重的4%～5%；鱼体规格为2～10克时，每日投喂次数为4次，每日投喂配合饲料占鱼体总重的2%～3%；鱼体规格为10克后，每日投喂次数为2次，每日投喂配合饲料占鱼体总重的1%～2%。每次投喂完毕后要及时清理剩料。

（2）日常管理　每天巡塘，早晚各1次，观察和记录天气、水温、水质等信息。每2周测量1次鱼的生长情况，根据鱼的大小进行筛选、分养，更换大粒径饵料，确定投饵率。注意观察鱼的摄食和游泳情况。发现病情及时处理。

三、健康养殖技术

（一）健康养殖模式和配套技术

1. 养殖方式

冷水性鱼类采用流水式养殖方式进行养殖，即由水源将水引入，经进水通道（可采用渠或管道进水）注入养殖池，再排入后部排水渠。使用河水或溪流水养殖，一般在上游修筑拦河水坝，把水位提高后经进水渠注入养殖池，后由排水渠返回河水中。

2. 养殖设施

养殖池是养殖冷水性鱼类最基本的设施，国内目前主要采用的鱼池结构有混凝土、浆砌石池。水泥池造价高，适于高密度养殖，便于管理和清污。土池占地面积大、造价低、管理不便、清污困难，适于密度较小的养殖。

鱼池的数量主要根据可以提供的水量确定，一般10升/秒的供水量可建100米^2。小型养殖场最少要有2个鱼池，一般都应建3～5个鱼池。大型养鳟场同时饲养着不同年龄组的鱼群，要有数十口鱼池才便于管理。鱼池数量多，便于大小规格分池饲养。大小鱼混养，成活率和饵料效率低，也不便于鱼病防治。同期孵化的稚鱼随着生长，个体大小差异很大，要通过筛选分成2～3群饲育。

一般根据养殖目的，池塘可分为稚鱼养殖池、商品鱼养殖池和亲鱼培养池。稚鱼池面积30～90米^2，水深20～40厘米；商品鱼池面积100～200米^2，水深60～80厘米；亲鱼培育池面积150～300米^2，水深70～80厘米。鱼池的深度要高于水面20～30厘米。

3. 养殖技术

（1）仔鱼培育（隔离室，体重0.1～0.5克）　从破膜孵出后积温达340℃，卵黄囊逐渐吸收80%，体表黑色素增多，游动能力增强，可以浮上平游，此时称其为虹鳟“水科1号”上浮仔鱼，通常需要2周饲养期，放养密度为1万尾/米²（平列槽），每日投喂率7%，保持养殖设施卫生，及时清理粪便残饵，水流1～2厘米/秒，水温8～10℃，溶解氧不低于7毫克/升。

（2）稚鱼培育（隔离室，体重0.5～1克） 在平列槽中饲养2周移入稚鱼池中，亦可直接放入稚鱼池中饲养。稚鱼池应设置在上水流，鱼池宽1.5～2.5米，长15米或20米，高50～60厘米。在排列上以并联为好，可保证注入的清新水一次利用。若上浮稚鱼数量多，稚鱼池不足，亦可直接移入成鱼池中饲养。池水深度控制在20厘米左右；饲养密度为5 000尾/米²，注水量为每10万尾1升/秒。

（3）鱼苗放养前处理（室外） 鱼苗放养前池塘应干塘晾晒10天以上。鱼苗放养前10天加水，每亩水面用生石灰150千克化浆后全池泼洒。鱼苗应游动活泼，集群，体质健壮，无损伤、无疾病、无畸形，不得带有传染性疾病和寄生虫。鱼苗下塘时水温差应控制在2℃以内，选择在晴天进行，下塘地点在池塘的进水口处。

（4）鱼苗室外培育（体重1～2克） 鱼苗下池后，建议投喂进口饲料，以提高仔鱼的成活率，而且饵料系数均低于0.8。在稚鱼培育过程中，需每2周进行1次测定采样，每个池随机选取200～300尾鱼，测定平均体重，然后计算日投饵量。整个苗种培育期间，生产中所用的工具应定期消毒，不同池塘禁止交叉使用工具，消毒时用10%聚维酮碘溶液200～300毫克/升浸泡。定期清除池底的残饵、鱼粪，减少病原体的滋生。按时观测鱼的生长情况，根据鱼的大小进行筛选、分养，更换大粒径饵料，确定投饵率。注意观察鱼的摄食和游泳情况。发现病情及时处理。

（5）鱼种培育 选择虹鳟鱼种专用配合饲料，使用的饲料必须符合《无公害食品 渔用配合饲料安全限量》的要求。不得使用受潮、发霉、生虫、污染、腐败变质的饲料。每次投喂达到八分饱即可，鱼体规格为2～10克时每天喂4次，10克以上时每天喂2次。同时还应对鱼类吃食情况进行检查。在7—8月高温季节或阴雨低气压天气，应注意饲养水体溶解氧变化，如发现水中溶解氧低于6毫克/升或发现鱼有浮头征兆，应减少投饵量，加注新水，开增氧机增氧。每天坚持巡塘，观察鱼摄食和生长情况，测量水温、水质。每2周检查1次鱼体生长情况，并调整日投饵量。

（6）商品鱼养殖 虹鳟的商品鱼饲养是指将50克左右鱼种在适宜环境条件下，培育成体重为600～1 000克的成鱼。鱼种放养前需进行消毒处理，如用1.5%～2%的食盐水浸浴15～30分钟，同时剔除病鱼、伤残鱼。操作时水温温差应控制在2℃以内。所投配合饲料中动物性饲料占30%～40%，植物性饲料占60%～70%。投喂量应根据不同季节不同水温饲养水体中鱼体重量进行计算。每天投喂2次，水温低于6℃时日投喂1次。经一段时间的饲养，特别是在密度接近饱和的饲养条件下，对于生长快、已达到食用鱼规格的个体，及时筛选出售。观察水质变化、鱼的摄食情况和天气状况，及时调整饲料投喂量。发现问题迅速采取加注新水、启用增氧机等措施。

（二）主要病害防治方法

1. 小瓜虫病

【症状】多子小瓜虫寄生于鱼体表、口腔、眼球和鳃。寄生于眼球，可使眼球混浊、发白。侵入鱼的皮肤或鳃组织后，剥取寄主组织作营养，引起组织增生和发炎并产生大量的黏液。形成肉眼可见的小白点，故又叫白点病，严重时体表似覆盖一层白色薄膜，鳞片脱落，鳍条裂开、腐烂。鳃上黏液增多，鳃小片被破坏，影响呼吸。病鱼反应迟钝，游于水面，不久即死亡。

【防治方法】

① 鱼池要用生石灰彻底清塘，以杀死小瓜虫包囊。

② 发病鱼塘，每亩每米水深用辣椒粉210克、生姜干片100克煎成25克药水，全池泼洒，每天1次，连泼2天。

③ 用5%的食盐水洗1分钟，或1%的食盐水洗1小时，效果良好。

2. 三代虫病

【症状】三代虫寄生于虹鳟的体表、鳍、嘴、头部和鳃，用锚钩和边缘小钩钩住表皮组织，损伤表皮和鳃组织，使鱼极度不安。虫体大量寄生时，病鱼的皮肤上出现一层灰色的黏液，鱼体失去光泽，游动极不正常；食欲减退，鱼体消瘦，呼吸困难。

【防治方法】用0.05%的甲醛溶液药浴10～15分钟。

3. 弧菌病

【症状】患病鱼体色发黑，各鳍基部充血，鳃贫血略发白，有的眼球突出。躯干部的皮下和肌肉发生脓疡，体表形成1个较大肿起，肿起处皮肤出血；如脓疡形成在深部肌肉，则往往在体表不显出肿起，肌肉各处有小出血点。有时经表皮感染，引起表皮糜烂、变白、竖鳞、鳞片脱落，发生溃疡，鳍出血。肝、肠和生殖腺上可见弥漫性出血和点状出血，肠管内有带血的黏液状物，肛门红肿，排出黄白色黏液状粪便。

【防治方法】

① 避免饲养过密；不要投喂氧化、变质的饲料。

② 发现病鱼，应及时捞出深埋。

③ 用二氧化氯全池泼洒，使池水的二氧化氯浓度为0.4～0.5毫克/升。

④ 每100千克鱼用20克磺胺甲基嘧啶混入饲料投喂，每天1次，连续3～7天。

4. 疖疮病

【症状】病鱼离群独游，活动缓慢。体色发黑，在鱼体躯干部，通常在背鳍基部两侧的肌肉组织上出现数个小范围的红肿脓疮向外隆起，柔软浮肿。隆起处逐渐出血坏死，溃烂而形成溃疡口。肠道充血发炎。肾软化，肿大呈淡红色或暗红色。肝褪色，脂肪增多。一般分为3型：急性型，尚无外部症状，病鱼已开始死亡；亚急性型，病情发展较慢，表现出疖疮症状后开始死亡；慢性型，表现出肠炎、鳍基部出血症状，病鱼死亡较慢。

【防治方法】

① 建立检疫制度，避免将病原菌带入养殖场。

② 池塘和输入的鱼卵、鱼苗都应进行消毒处理。

③ 尽量避免鱼体受伤，放养密度适当。经常注意换水，保持良好水质可减少此病发生。

④ 注射或口服灭鲑气单胞菌疫苗，可起到积极的预防作用。

⑤ 治疗：口服磺胺药（如磺胺甲基嘧啶），通常每100千克鱼用10克，拌入饵料中投喂，每天1次，连用7天。

5. 传染性胰腺坏死病（IPN）

【症状】该病的潜伏期为6～8天。感染初期生长发育良好，外表正常的鱼苗死亡率骤然升高，并出现离群独游，常做垂直回转游动，或在接近水面处做无规律的疯狂游动，不久便沉入水底逐渐死亡。发病鱼的体色发黑或暗茶褐色，眼球突出，腹部膨大，腹部及鳍基部充血，鳃贫血，肛门处常常拖着一条线状黏液便。剖开鱼腹，有时可见有腹水，幽门垂出血。肝、脾、肾、心脏贫血发白。消化道内通常没有食物，而是充满乳白色黏液，肠壁变薄而松弛。

【防治方法】目前对此病尚无有效的治疗方法，主要采取预防措施。

① 加强综合预防措施，严格执行检疫制度，防止将带有IPN病毒的鱼卵、鱼苗、鱼种及亲鱼输出和运入。

② 发现疫情，应果断地将病鱼池中的苗种销毁。在8～10℃下，孵化设备、工具用2%～5%的甲醛溶液消毒20分钟。

③ 发眼卵用浓度为50毫克/升的有效碘溶液，药浴15分钟。

④ 有条件的养殖场，可以通过降低水温（10℃以下）或提高水温（15℃以上）来控制病情发展。

⑤ 疾病早期将聚维酮碘拌在饲料中投喂，每千克鱼每天用有效碘1.64～1.91克，连续投喂15天，可控制病情发展。

6. 传染性造血器官坏死病（IHN）

【症状】发病初期，鱼出现昏睡现象，摇晃摆动游动，继而突然做旋转式疯狂游动，随即死亡。发病鱼体色发黑，眼球突出，腹部膨大，背鳍、胸鳍、肛门附近、体侧、口腔出血。肛门口常拖有1条较粗而长的白色黏液便。刚孵出的鱼苗，其卵黄囊肿胀并有出血斑。鳃贫血，肝、脾、肾颜色浅，而肌肉、脂肪、鳔、心包膜、腹膜上可见出血斑点。

【防治方法】

① 加强综合预防措施，严格执行检疫制度。

② 发眼卵用碘水消毒，浓度为有效碘50毫克/升（即10升水中加入50毫升聚维酮碘液），药浴15分钟。

③ 鱼卵孵化及苗种培育阶段将水温提高到17～20℃，可预防此病发生。

7. 水霉病

【症状】在鱼体受伤处，霉菌的幼孢子侵入，向内、外生长，深入肌肉蔓延扩展，向外生长成棉毛状菌丝，俗称“白毛病”。菌丝与伤口处细胞组织缠绕黏附，致使组织坏死。由于霉菌能分泌大量蛋白质分解酶，鱼体受到刺激后分泌大量黏液，病鱼开始焦躁不安，食欲减退，行动迟缓，久而久之身体瘦弱而死。在鱼卵孵化过程中，死卵或表面有损伤的卵易寄生水霉菌，并长出菌丝侵害周围健康的卵，可引起鱼卵大批死亡。

【防治方法】

① 鱼池和孵化设施用生石灰或含氯药物彻底消毒。

② 操作时尽量勿使鱼体受伤，并注意越冬鱼种密度不宜过高。

③ 成鱼或亲鱼患病，可用0.02%的甲醛溶液浸洗30分钟。

④ 用0.5%～6%的食盐水浸泡病鱼1小时。

四、育种和种苗供应单位

（一）育种单位

中国水产科学研究院黑龙江水产研究所

地址和邮编：黑龙江省哈尔滨市道里区河松街232号，150070

联系人：王炳谦

电话：13945071376

（二）种苗供应单位

中国水产科学研究院黑龙江水产研究所

地址和邮编：黑龙江省哈尔滨市道里区河松街232号，150070

联系人：王炳谦
电话：13945071376

五、编写人员名单

王炳谦，谷伟，徐革锋

禾花鲤“乳源1号”

一、品种概况

禾花鲤
“乳源1号”

（一）培育背景

鲤是世界上养殖范围最广泛的淡水鱼之一，在我国有着悠久的养殖历史。鲤具有生长快、杂食性、抗病力强等特点，而且味道鲜美，深受广大养殖者和消费者的欢迎。我国从20世纪70年代开始了比较系统和全面的鲤育种工作，培育出的鲤新品种（品系）通过推广和应用极大地促进了鲤养殖业的快速发展，对鲤产量和品质的提高起到了巨大的推动作用，已产生较大的经济效益和社会效益，全国鲤产量已从1983年的8.57万吨增至2019年的288.53万吨。

目前我国已经开展遗传改良的鲤都隶属鲤和西鲤2个亚种，主要是针对适合池塘养殖而培育的品种，还没有针对适合稻田养殖的禾花鲤新品种的培育和应用。华南鲤为鲤的一个亚种，作为粤北的地方禾花鲤养殖品种，因肉质细嫩、味道鲜美，深受消费者的青睐，是当地发展农村经济的一条重要途径，促进了当地水产养殖业的发展，特别是在提高山区农户经济收入、脱贫致富方面发挥了重要作用。华南鲤在粤北地区有着300多年稻田养殖的悠久历史，但长期以来，这些稻田养殖的禾花鲤缺乏科学管理，没有经过系统的选育和提纯复壮，养殖的多数是来自野生群体驯化繁殖的种苗，近亲繁殖严重，种质退化、生长速度慢、易逃逸、抗病能力差、成活率低，致使养殖产量低，无法适应当前优质高效的渔业发展趋势。针对当前稻渔综合种养品种不配套、品种混杂等产业化问题以及禾花鲤良种的产业需求，发掘华南鲤优良种质资源，开展适合稻田养殖禾花鲤优良品种的选育势在必行，对提高其生产力和品质，从而提高养殖综合效益有重要意义，也为促进农民收入持续较快增长和实施乡村振兴战略提供内生动力。

（二）育种过程

1. 亲本来源

亲本来源于华南鲤稻田养殖群体（俗称禾花鲤）和珠江水系北江野生群体。

2. 技术路线

禾花鲤“乳源 1 号”选育技术路线如图 1 所示。

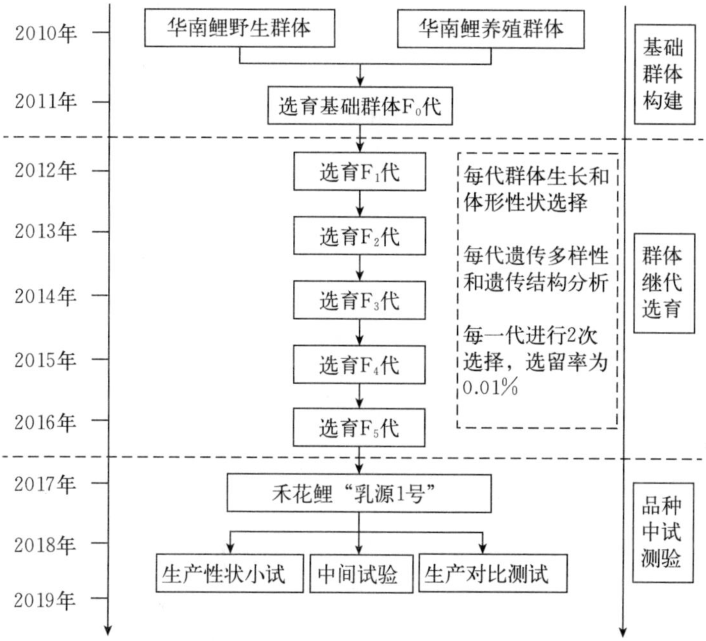

图 1　禾花鲤“乳源 1 号”选育技术路线

3. 选育过程

2010 年从广东省乳源瑶族自治县稻田养殖华南鲤群体和珠江水系北江的华南鲤野生群体中收集 2 000 尾华南鲤，放于乳源瑶族自治县一峰农业发展有限公司基地的池塘中进行培育。2011 年，挑选体重在 1.5 千克以上、体质健壮、体形短圆的个体 200 尾作为选育基础群体（F_0 代），采用人工催产自然产卵受精的方法，繁殖下一代。以生长速度和短圆体形为主要选育指标，2012—2016 年采用群体选育方法进行连续 5 代的适合稻田养殖华南鲤新品种选育。每一代在体长约 4 厘米和体重约 500 克时分别进行 1 次选择。每代选留 200 尾（雌雄比例为 1∶1）作为亲本繁殖下一代。每年繁殖一代，每一代总的选留率为 0.01%。经过连续 5 代的选育，获得稻田养殖条件下生长速度快、体形短圆、存活率高且遗传性状稳定的优良品种禾花鲤“乳源 1 号”。

（三）品种特性和中试情况

1. 禾花鲤“乳源 1 号”特征和优良性状

在相同的稻田养殖条件下，与当地普通养殖的禾花鲤相比，10 月龄鱼生长速度平均提高 29.26%，体长/体高和尾柄长/尾柄高分别平均降低 25.8%和 22.51%，体形短圆，跳跃能力弱。

2. 中试情况

2018—2019 年，在广东省韶关市乳源瑶族自治县大桥镇中冲富民蔬菜专业合作社进行禾花鲤“乳源 1 号”稻田生产性对比养殖，养殖面积 75 亩。与对照组（当地未选育的禾花鲤）相比，禾花鲤“乳源 1 号”生长速度快 25.3%～28.1%，存活率提高 23.7%～26.4%，亩产量提高 58.4%～58.6%。

2018—2019 年，在广东省韶关市乳源瑶族自治县金盛农业开发有限公司进行禾花鲤“乳源 1 号”稻田生产性对比养殖，养殖面积 78 亩。与对照组华南鲤（当地未选育的禾花鲤）相比，禾花鲤“乳源 1 号”的生长速度提高 29.5%～31.4%，存活率提高 22.3%～24.2%，亩产量提高 58.3%～63.3%。

2018—2019 年，在湖南宜章县乐超种养专业合作社进行禾花鲤“乳源 1 号”稻田生产性对比养殖，养殖面积 85 亩。与对照组华南鲤（当地未选育的禾花鲤）相比，禾花鲤“乳源 1 号”的生长速度提高 26.1%～29.4%，存活率提高 19.2%～27.6%，亩产量提高 50.1%～65.0%。

2018—2019 年，在湖南宜章县栗源椅子岭种养专业合作社进行禾花鲤“乳源 1 号”稻田生产性对比养殖，养殖面积 70 亩。与对照组华南鲤（当地未选育的禾花鲤）相比，禾花鲤“乳源 1 号”的生长速度提高 32.2%～32.6%，存活率提高 19.3%～22.3%，亩产量提高 58.0%～65.2%。

2018—2019 年，在广东省乐昌市梅花镇百臻有机种养专业合作社进行禾花鲤“乳源 1 号”稻田生产性对比养殖，养殖面积 116 亩。与对照组华南鲤（当地未选育的禾花鲤）相比，禾花鲤“乳源 1 号”的生长速度提高 29.6%～30.6%，存活率提高 23.7%～25.8%，亩产量提高 60.4%～64.2%。

二、人工繁殖技术

（一）亲本选择与培育

1. 亲本选择

禾花鲤“乳源 1 号”的亲本由品种选育单位或授权的繁育单位提供。

选择 1 龄以上、体重在 1.5 千克/尾以上、短圆体形特征明显的个体作为亲鱼，要求体质健壮、色泽正常、无疾病、无畸形、无损伤、无残缺且性腺发育良好。成熟的雌鱼腹部膨大、松软，把鱼体腹部朝上，中间明显下陷，生殖孔微有外突。雄鱼胸鳍的鳍条和鳃盖上有追星，手感粗糙，生殖孔较小且下凹，用手轻轻挤压有乳白色精液流出。

2. 亲本培育

（1）培育池的选择　每口池塘的面积2～3亩，水深1.5～2.0米，水源充足，水质清新，排灌方便。池底平坦，淤泥厚度小于20厘米。放养前要清塘消毒。

（2）放养　培育亲鱼，专池单养，以疏养为主。放养密度一般不超过200千克/亩。

（3）饲养管理

① 投料。培育亲鱼以投喂配合饲料为主，投饵量约为亲鱼总体重的3%～5%，依季节、水温不同适量增减，饲料蛋白含量32%～36%。产前要给予适量微流水刺激，以促进性腺发育。

亲鱼转池过程中，操作要轻快，切忌损伤鱼体；入池前用盐水消毒；转池时2个池的水温差不超过2℃。及时观察亲鱼池塘的水质，天气暖时，每周换水1次，每次换水量约为15%，池水溶解氧应保持在5毫克/升以上，水体透明度冬季应为30～40厘米，夏季应为25～35厘米。

② 建立亲鱼培育档案。记录亲鱼数量、体重，水质状况，投饵量，鱼群活动情况等。早晚巡塘，观察鱼群活动，发现死、病、弱鱼及时捞除。

（二）人工繁殖

当水温稳定在18℃以上时，即可进行禾花鲤“乳源1号”的人工繁殖。

1. 催产池

选择面积约为50米^{2}的圆形或方形水泥池，水深约150厘米。池水充分曝气。

2. 人工催产

采用一针法进行催产，催产剂用0.75%的生理盐水进行配制，现配现用，每千克雌鱼用10微克鱼用促黄体素释放激素类似物（$LRH-A_2$）和500国际单位绒毛膜促性腺激素（HCG）的混合溶液进行催产，雄鱼的用药量减半。从胸鳍基部注射。注射后将雌雄亲鱼分开暂养于催产池中，并辅以微流水刺激。

3. 人工授精

水温20～25℃时，效应时间为8～10小时。效应时间的前2～3小时，要注意观察亲鱼的发情行为，当雌、雄鱼游动发情追逐激烈时，要立即捞起亲鱼检查。将雌鱼腹部朝上，若轻压腹部有散开的卵粒排出，应立即进行人工授精。用毛巾将雌鱼体表水轻轻擦干后，将成熟的卵粒挤入干燥的面盆中，同时将雄鱼精液挤入同一个面盆中，用羽毛轻轻搅匀1～2分钟，再加入少量生理盐水轻轻搅动，让其充分受精。再立即将受精卵转入黄泥水中脱黏2分钟，然后放入孵化环道或孵化桶中进行流水孵化。

4. 鱼苗孵化

孵化环道直径6～10米为宜，孵化桶一般直径0.5～1.0米。孵化池使用前要进行清池消毒。孵化用水要求水质清新，使用前要经过80目筛绢网过滤，溶解氧应保持在5毫克/升以上，水温18～25℃。

采用流水孵化，每立方米水体放受精卵约1×10^6粒。适时适度调节孵化环道的水流速度，出苗前期水流速度可稍大点，以受精卵在水体中上下翻动为好。快出膜时以及出膜后，水流速度可稍小。至鱼苗出现腰点可以平游时，方可移出环道进行苗种培育。

孵化期间应有专人值班，检查水质变化情况、孵化设备运行情况以及胚胎发育情况。及时清洗滤网，以防逸苗。

（三）苗种培育

1. 鱼苗培育

（1）培育池　池塘面积1～3亩为宜，池底平坦，淤泥厚度15厘米左右。注排水方便。鱼苗下塘前15天，对池塘进行消毒，应选择在晴天进行，排干池水，清除池塘过多的底泥，每亩用100千克生石灰化浆后全池泼洒。清塘后，鱼苗培育池注水水深应为50～60厘米，注水时须在注水口用密网过滤，以防野杂鱼和其他敌害生物流入池内。放鱼前3～5天要施基肥，一般在晴天中午进行，每亩施发酵后粪肥300～500千克。待鱼苗下塘时，池塘水变成淡绿色或茶褐色为宜，池水透明度以25～30厘米为宜。

（2）鱼苗放养　鱼苗培育采取池塘单养的方法，放养时准确计数，一次放足。鱼苗的放养密度依池塘条件和养殖技术而定，一般为200～250尾/米^2。下塘应选择在晴天无风或微风进行，并在池塘背风处下塘，水体温差不超过2℃。

（3）饲养管理　鱼苗下塘3天后开始投喂。用豆浆喂饲鱼苗，黄豆浸泡5～6小时后磨成浆，豆浆磨好后要立即喂。每天每亩用黄豆2～3千克，每天8:00—9:00和14:00—15:00磨成豆浆去渣后全池泼洒；1周后黄豆用量增至3～4千克；培育10天后，需适时调整投喂量或投喂微粒饲料，同时需在池塘四边加泼1次豆浆或在池塘周围浅水处堆放豆渣或豆饼糊。根据池水透明度适时追肥，使池塘水体保持淡绿色或茶褐色。

鱼苗下塘1周后，每3～5天注水1次，每次注水水位加深10～15厘米，培苗期间共加水3～4次，待鱼体全长3厘米时使池塘水深达1.2～1.5米。每次注水时须在注水口用密网过滤，以防野杂鱼和其他敌害生物混入池塘。

鱼苗下塘后，每日至少巡塘3次，观察水质及鱼的活动情况，及时清除蛙卵、杂草，检查鱼苗摄食、生长及病虫害情况，及时发现问题并采取措施，做好记录。

（4）分塘或出售　经20天左右培育鱼苗长至全长3厘米左右时进行拉网锻炼，准备出塘。鱼苗出塘前须经2～3次拉网锻炼，每次拉网的当日上午应清除池中杂草、污物，饲料应在拉网后投喂。拉网、分塘操作应细心，起网时鱼苗不可过度密集。将筛选后的鱼苗随机取样，单位质量或容积的鱼苗尾数乘总质量或容积，即为鱼苗的总数量。再随机取20尾测量体长体重，求出平均规格。

2. 鱼种培育

（1）培育池　池塘面积2～5亩为宜，池底平坦，水深1.5～2米。水质清新无污染，注排水方便。鱼苗下塘前要进行清塘消毒，每亩用100千克生石灰化浆后全池泼洒。清塘后，注入新水50厘米左右，每亩施用发酵后粪肥500千克作为基肥，用以培育浮游动物，为入池后的鱼苗提供丰富的天然饵料。施基肥后再注入过滤池水到1米左右。

（2）鱼苗放养　下塘鱼苗应规格整齐，游泳能力强，无伤、无畸形。放养密度依池塘条件和养殖技术而定，一般每亩放养3厘米的鱼苗1万～1.5万尾。

（3）饲养管理　下塘3天后开始投喂豆浆，投喂量为每天每万尾鱼苗1～2千克黄豆，分2次投喂，全池泼洒；鱼苗全长达4厘米以上时，可适时调整投喂粗蛋白含量为36%的适宜口径的配合饲料，日投喂量为鱼体重的2%～5%，分2～3次投喂；鱼苗全长达5厘米以上时，可适时投喂粗蛋白含量为30%～35%的适宜口径的配合饲料，日投喂量为鱼体重的5%～10%，分3～4次投喂。根据水温、天气和摄食情况，适时调整投喂量，投喂时要遵循“四定”（定时、定量、定点、定质）原则。根据池水透明度适时追肥，使池塘水体保持淡绿色或茶褐色。

鱼种培育过程中，要定期加注新水，每次20～30厘米，保持池水水质良好，水质肥、活、嫩、爽，透明度以25厘米为宜，保证鱼类良好的生存环境，以利于其生长发育。每次注水时须在注水口用密网过滤，以防野杂鱼和其他敌害生物随水混入池塘。

下塘后每日坚持早、中、晚共巡塘3次，观察水质、水色及鱼的活动情况，及时清除蛙卵、杂草，检查鱼苗摄食、生长及病虫害情况，及时发现问题并采取措施，做好记录。

（4）鱼种运输　一般采用活鱼车、帆布桶或聚乙烯塑料袋等充氧运输。出塘前须经2～3次拉网锻炼，每次拉网在当日上午进行。拉网锻炼时要注意：拉网锻炼前，鱼要停食1天；拉网前要清除水草和青苔；阴雨天或鱼浮头时不能拉网锻炼，以免造成鱼死亡；操作要轻巧、细致。

运输前需停止投喂 1 天以上。运输的密度根据鱼种规格、运输时间长短和温度等条件确定，以确保运输成活率。

三、健康养殖技术

（一）健康养殖（生态养殖）模式和配套技术

禾花鲤“乳源 1 号”为适宜在广东、广西、贵州、湖南等地人工可控的稻田水体中养殖的禾花鲤新品种，其稻田生态养殖技术模式介绍如下。

1. 适宜养殖的条件

（1）稻田的选择　稻田土质以壤土为宜，地势平坦或梯田，保水力强，水源充足，排灌方便。稻田中鱼溜的数量可视稻田的面积而定，鱼溜面积不超过稻田面积的 10%。面积少于 1 亩的稻田可不挖鱼溜，以长方形、圆形或正方形鱼沟代替。

（2）加高加固田埂　水稻种植前应加高加固田埂，田埂高度 30～40 厘米。保水深度 10～15 厘米。严防渗水和漏水，防止养殖的鱼类逃逸。

（3）进、排水口及防逃设施　进水口和排水口的地基应夯实加固，位于稻田相对两角的田埂上，宽度以稻田大小而定。一般在有排水口的田基上开设 1～2 个溢洪口，以便控制水位。

在进、排水口处安装拦鱼栅以防鱼类逃逸。拦鱼栅可用金属网、塑料网等编织，宽度为进、排水口宽度的 5～10 倍，呈弧形安装。高度应高于田埂，网目大小因鱼规格而异。拦鱼栅下端入泥深度 20 厘米左右。

2. 水稻种植

（1）水稻种类的选择　选择当地主推的高秆、分蘖力强、抗倒伏、抗病力强、耐肥力强、适合微流水的优良水稻品种。

（2）稻田水深　稻田的水深根据生产需要进行调节。平常水位保持在10～20 厘米，夏季高温季节可适当加深水位。

（3）稻田施肥　稻田肥料应在插秧前一次施足，宜选用肥效长的粪肥等有机肥，少施或不施化肥，可用秸秆、猪粪肥等充分发酵腐熟后基施，冬天稻田闲时可种植绿肥。养殖过程中如确需追肥，应控制用量，且不得直接放入鱼溜、鱼沟中。

（4）水稻病害防治　养殖过程中，水稻如出现病害等情况，应选用低毒性、低残留的农药，结合安装杀虫灯等措施。

3. 鱼苗放养

鱼苗放养时间一般在插秧后 15～20 天。放养规格 150～200 尾/千克，放养密度400～500尾/亩。

若种植单季稻，则鱼苗饲养时间为90～100天；若种植双季稻，则鱼苗饲养时间为70～75天。

4. 养殖管理

（1）饲料种类　禾花鲤“乳源1号”是杂食性鱼类，在稻田中可摄食水生植物的嫩叶、浮游生物、有机碎屑及散落的禾花和稻谷等，可配装黑光灯（每2亩1个）诱杀虫作为鱼类饵料。应充分利用稻田中的天然饵料，建议少投或不投配合饲料，可补充米糠、花生麸、豆渣、酒糟、青菜叶等，也可使用专用渔用配合饲料，渔用配合饲料安全限量应符合NY 5072的规定。

（2）投喂量及投喂方法　如投喂人工配合饲料，投喂量应为鱼体重的2%，以1小时内吃完为宜。水温高于30 ℃时，建议不投喂。

投喂选在固定的鱼溜内，定点投喂。每天上午、下午各投喂1次。对于不投饵的养殖方式，鱼类直接摄食稻田中的天然饵料。

5. 稻田水的管理

养殖期间，稻田水深保持在10～20厘米。水稻生长正常情况下，尽量加深水位。定期疏通鱼溜、鱼沟，保持水流通。稻田水的排放应符合SC/T 9101的要求。

6. 病害防控

采用预防为主、防治结合的原则，宜少用或不用农药和渔药。农药施用应符合GB/T 8321.2的规定，渔药施用应符合NY 5071的规定。

7. 日常管理

（1）防逃　经常检查田埂、拦鱼栅，发现漏洞及时修补或更换。加强雨期的巡查，及时排出过量的水以防鱼类逃逸。

（2）巡查　经常检查田埂、进水口、排水口及防逃设施，发现破损及时修补。

（3）防敌害　及时清除、驱除稻田中的蛇、老鼠、黄鼠狼、水蜈蚣、食鱼鸟等敌害生物。

8. 收获

9月中下旬开始，当鱼养到当地商品规格时开始放水捕鱼，冬闲水田和低洼水田可养至翌年插秧前收获。捕鱼前应疏通鱼沟、鱼溜，将鱼从鱼沟、鱼溜赶至放置于排水口处的网具中，然后转到网箱或水池中暂养5～7天，待肠道排空后上市出售。

双季稻和再生稻收割时可先将鱼收获或将鱼集中于鱼沟内继续养至下一造收割时收获。

（二）主要病害防治方法

1. 鱼病的预防

禾花鲤“乳源1号”在养殖过程中，病害防控以预防为主，一般措施为：

（1）养殖池塘使用前应彻底清塘消毒，鱼苗、鱼种应符合相应的质量标准的规定，并且在入塘前，对其进行严格消毒。

（2）鱼苗、鱼种下塘半个月后，全池泼洒漂白粉（28%有效氯）1次，浓度为1～2克/米^3。

（3）高温季节，可在饲料中按每千克鱼体重每日拌入5克捣烂的大蒜头或0.5克大蒜素，同时加入适量食盐，连续投喂6天。

（4）应及时捞出死鱼，进行无害化处理（用生石灰或漂白粉等消毒处理后，再深埋入土1米以上）。

（5）病鱼池中使用过的渔具应在2%～5%的食盐水中浸浴10分钟，或在30毫克/升聚维酮碘（1%有效碘）中浸浴5分钟，或在高锰酸钾20毫克/升中（20℃）浸浴20～30分钟。

（6）拉网锻炼、分塘、起捕、过筛、运输等过程中，操作要轻巧、细致，以免造成鱼体受伤。

（7）病鱼池水未经消毒不得任意排放。

2. 常见病害及其防治

几年的中试推广饲养中，禾花鲤“乳源1号”从未发生过高发性和突发性病害。鲤常见病害防治如下：

（1）车轮虫病

【病因及症状】由车轮虫寄生导致，主要发生于鱼苗和鱼种阶段，4—7月容易发生，往往寄生在皮肤、鳃组织中，刺激组织分泌过多黏液，影响鱼的呼吸机能，鱼体消瘦、发黑，严重感染时会致鱼死亡。

【防治方法】鱼种下塘前，用150千克/亩生石灰彻底清塘；用2%的食盐水浸泡鱼种2～10分钟进行鱼体消毒；每立方米水体使用车轮净0.5克，全池泼洒。

（2）竖鳞病（又称鳞立病、松鳞病）

【病因及症状】竖鳞病可由多种病原菌引发，不同地区、不同发病季节的致病菌可能不同，主要病原菌有水型点状极毛杆菌、水型假单胞菌、嗜水气单胞菌等。病鱼体表粗糙，鳞片竖立，向外张开像松球，而鳞片基部的鳞囊水肿，其内部积聚有半透明或含有血的渗出液，以致鳞片竖起，并伴有表皮充血、眼球突出、腹部膨胀等症状。病鱼游动迟钝，呼吸困难，身体倒挂，腹部向上，2～3天后即死亡。

【防治方法】 人工起捕、运输、放养等操作的过程中要避免鱼体受伤；用3%的食盐水浸洗鱼体10～15分钟；或用5克/米^3 硫酸铜、2克/米^3 硫酸亚铁和10克/米^3 漂白粉混合液浸洗鱼体5～10分钟。

（3）细菌性烂鳃病

【病因及症状】 由嗜纤维黏细菌引起，一般5—9月的高温季节易流行。病鱼头部发黑，游动较慢，受外界刺激时反应慢而迟钝，呼吸困难；病情严重时，水面离群独游，受外界刺激时无反应；鳃丝肿胀，鳃上黏液多，部分呈淡红色或灰白色，有的部分有淤血而呈紫红色；有的鳃小片坏死脱落，软骨外露，中间部分有一圆形或不规则的透明小窗，病变的鳃丝黏附有各种杂物；体表无出血点，少数鱼体异常，眼球突出、眼眶充血。发病鱼种胆囊肿大，肝变色成花肝，少数鱼肠壁出血，部分有白色或淡黄色脓液。

【防治方法】 鱼种投放前对池塘进行修整，清除过多淤泥，用生石灰或漂白粉进行严格消毒；鱼种下塘前用15～20毫克/升高锰酸钾溶液，药浴15～30分钟。

（4）肠炎病

【病因及症状】 由点状产气单胞菌引起。病鱼腹部膨大，呈现红斑，肛门红肿突出，严重时鳍条亦破烂。剖开鱼腹，可见腹腔积水，肠壁充血发炎，轻者仅前肠或后肠呈现红色，严重时则全肠呈紫红色；肠内一般无食物，含有许多淡黄色的黏液。此病往往和细菌性烂鳃病并发。水温高、气压低、水质较差时，容易发生该病。

【防治方法】 按每10千克鱼用大蒜50克拌料投喂，每天1次，连喂3天；肠炎病与烂鳃病并发时，全池遍洒2～3克/米^3 五倍子。

四、育种和种苗供应单位

（一）育种单位

1. 中国水产科学研究院珠江水产研究所

地址和邮编：广东省广州市荔湾区兴渔路1号，510380

联系人：朱华平

电话：13535083917

2. 乳源瑶族自治县畜牧兽医水产事务中心

地址和邮编：广东省韶关市乳源瑶族自治县乳城镇鹰峰东路水产大厦，512700

联系人：李金照

电话：13922577327

3. 广东省渔业技术推广总站

地址和邮编：广东省广州市南沙区东涌镇骏稳路 8 号，511453

联系人：符云

电话：13902409546

4. 乳源瑶族自治县一峰农业发展有限公司

地址和邮编：广东省韶关市乳源瑶族自治县环城东路乳源县建筑公司 A 栋综合楼首层西面，512600

联系人：黄剑华

电话：15819205669

5. 广东梁氏水产种业有限公司

地址和邮编：广东省佛山市三水区西南街道广海大道中 39 号一座 901 之一，528100

联系人：韩林强

电话：13715476806

（二）种苗供应单位

中国水产科学研究院珠江水产研究所

地址和邮编：广东省广州市荔湾区兴渔路 1 号，510380

联系人：朱华平

电话：13535083917

五、编写人员名单

朱华平，马冬梅，樊佳佳，符云，黄剑华

翘嘴鳜“广清1号”

一、品种概况

（一）培育背景

翘嘴鳜 “广清 1 号”

翘嘴鳜（*Siniperca chuatsi*），隶属于鲈形目（Perciformes）、鳜亚科（Sinipercinae）、鳜属（*Siniperca*），俗称桂花鱼、桂鱼、季鱼等。其肉质细嫩鲜美、营养丰富、无肌间刺，享有“淡水石斑”之称，是我国淡水名优鱼类。20 世纪 70 年代起，我国水产科技工作者开展了翘嘴鳜人工繁殖与养殖试验研究，相继解决了亲鱼培育、人工繁殖、饵料鱼培育、苗种培育等系列生产技术问题，实现翘嘴鳜鱼苗的批量生产并很快在全国多个省份开展养殖。2000 年全国养殖近 10 万吨，2010 年达 25 万吨，2016 年突破 30 万吨，成为重要水产养殖品种。

由于翘嘴鳜在鳜属鱼类中生长最快，因此它一直是我国鳜主养品种。翘嘴鳜现有新品种“华康 1 号”是由华中农业大学与清远宇顺农牧渔业科技服务有限公司合作，于 2010 年育成的，其生长速度比普通养殖鳜提高了 18%以上。我国鳜养殖保持逐年增长的势头，对优良品种的需求量极大，优质苗种仍供不应求。除了生长速度有待进一步提高外，鳜养殖生产中普遍存在着个体生长分化程度大、成活率低的问题，一个养殖季节结束时仍有 20%～25%的个体未达上市规格，这部分鱼需要继续养殖，加大了饵料系数、养殖成本与养殖风险，既影响养殖经济效益，也易导致病害问题，危及产品的质量安全。因此迫切需要进一步开展鳜优良品种的培育，提高生长速度、个体均匀度与成活率，以满足当前的市场需求，扩大良种覆盖率。因此自 2013 年起，中国水产科学研究院珠江水产研究所与清远市清新区宇顺农牧渔业科技服务有限公司合作开展翘嘴鳜的选择育种研究。

（二）育种过程

1. 亲本来源

以 2013 年从安徽秋浦河、湖南洞庭湖收集的翘嘴鳜野生群体和清远市清新区宇顺农牧渔业科技服务有限公司保种的翘嘴鳜“华康 1 号”选育群体中挑选的 600 尾个体为基础群体。

2. 技术路线

翘嘴鳜“广清 1 号”选育技术路线如图 1 所示。

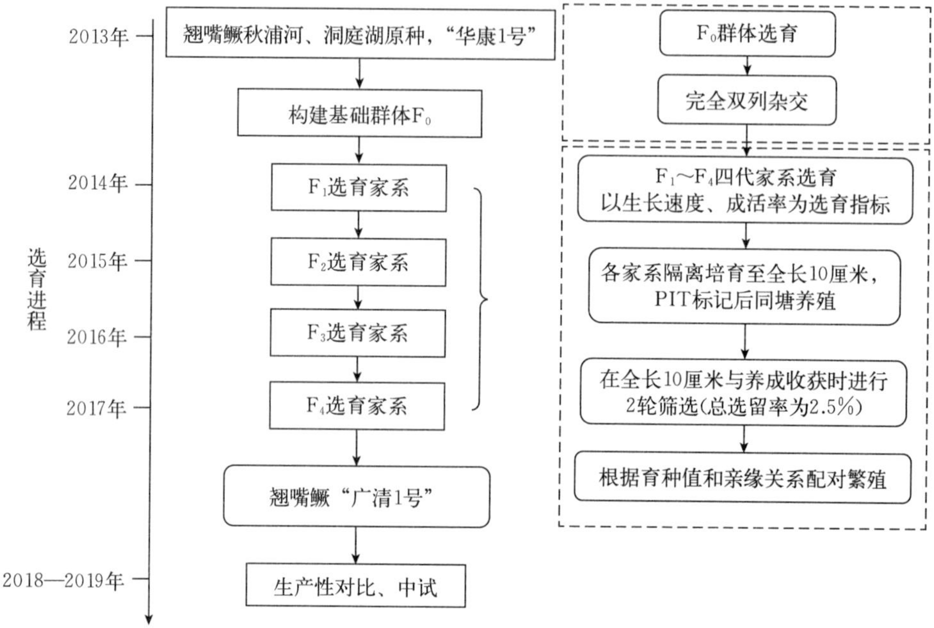

图 1　翘嘴鳜“广清 1 号”选育技术路线

3. 选育过程

2013 年，在清远市清新区宇顺农牧渔业科技服务有限公司基地，对引进的安徽秋浦河翘嘴鳜野生群体（安徽群体）、湖南洞庭湖翘嘴鳜野生群体（湖南群体）和清远市清新区宇顺农牧渔业科技服务有限公司保种的翘嘴鳜“华康 1 号”选育群体分别进行群体选育，在年底时分别挑选体质健壮、体重 750 克以上的个体构建基础群体。2014—2017 年开展连续 4 代的家系选育。亲本配对繁殖、鱼苗培育、标粗与标记均在该公司草塘基地进行，同塘养殖则在该公司先锋基地进行。

F_1 选育：2014 年 5 月中旬，利用 2013 年所构建的 3 个基础群体，挑选亲本进行完全双列杂交，构成 9 个杂交组合，每个组合雌雄个体按 1∶1 建立 11 个家系，共构建了 99 个家系。各家系受精卵分别在环道孵化，培育至全长 1.3～1.5 厘米时，各挑取 400 尾共 4 万尾鱼苗，转入水泥池各网箱中进行标粗。2014 年 7 月中旬，当个体全长达 10 厘米时，进行第一轮选择，在比较每个家系的生长与成活率的基础上，选择从公分苗（体长1.3～1.5厘米的苗）到10厘米规格的苗期存活率在80%以上且生长速度较快的60个家系共计3 163尾，即每个家系挑取50尾以上进行电子芯片标记后同塘养殖。2014年12月，测量和记录所有标记个体的性状数据，进行第二轮选择，选择养成阶段存活率在90%以上且家系平均体重排名前30的家系共1 000尾作为下一年的亲本强化培育，每个家系选留30尾以上。两轮的总选留率为2.5%。

F_2～F_4的选育过程与F_1相同。每代构建了不少于100个的家系，分别在个体达10厘米时进行第一轮选择，养殖至年底时进行第二轮选择，每个家系选留30尾以上共1 000尾进行强化培育。两轮的总选留率为2.5%。

在选育过程中，结合数量遗传学分析和亲子鉴定技术，有效提高选育效应值。所选育的3个基础群体中，安徽群体与湖南群体的遗传多样性均高于“华康1号”，显示二者具有更大的遗传选育潜力。相对于群体选择难于确定后代个体的准确亲缘关系、易发生近亲繁殖而影响遗传改良效果，家系选育可准确判断个体的亲缘关系、计算家系育种值和个体育种值，有效避免近亲繁殖，最大限度地提升选育潜力，因此本选育结果在生长速度和成活率两性状上均获得了较高遗传增益，同时每代选育均采用高选择强度（选留率2.5%）。经过连续4代选育，获得生长快、成活率高且遗传性状稳定的优良品系——翘嘴鳜“广清1号”。

（三）品种特性和中试情况

1. 品种特性

（1）生长速度快　相同养殖条件下，翘嘴鳜“广清1号”的生长速度比翘嘴鳜“华康1号”平均提高16.3%。

（2）成活率高　相同养殖条件下，翘嘴鳜“广清1号”的成活率比翘嘴鳜“华康1号”平均提高12.6%。

2. 中试情况

2018—2019年，连续2年在湖北省荆州市荆州区菱湖之花养殖合作社的10个养殖场进行翘嘴鳜“广清1号”的中试养殖试验。2年累计试验养殖面积1 200亩。结果表明，翘嘴鳜“广清1号”平均体重为（753.18±86.52）克，同期养殖的“华康1号”平均体重为（641.26±115.63）克。与“华康1号”相比，翘嘴鳜“广清1号”体重平均提高17.45%，成活率提高12.7%，上市规格整齐，产量高、稳，养殖经济效益显著。

2018—2019年，连续2年在江苏省宿迁市沭阳县的4个鳜养殖场开展翘嘴鳜“广清1号”的中试养殖试验。2年累计试验养殖面积1 500亩。结果表明，“广清1号”平均体重为（780.09±95.38）克，同期养殖的“华康1号”平均体重为（662.41±114.96）克。与“华康1号”相比，翘嘴鳜“广清1号”体重平均提高17.77%，成活率提高12.6%，上市规格整齐，群体产量高，可提高养殖经济效益。

2018—2019年，连续2年在广东清远地区的2个养殖基地，开展了翘嘴鳜“广清1号”和翘嘴鳜“华康1号”的生产性对比测试。进行连续2期的生产测试，包括同塘养殖与分塘养殖测试，每期测试面积为184亩，2年累计测试面积368亩。结果表明，在相同养殖周期内：①分塘单独养殖，“广清1号”平均体重比“华康1号”提高13.77%～17.84%，成活率提高10.37%～14.15%，每亩增产309～390千克；②同塘养殖，“广清1号”的平均体重比“华康1号”提高14.37%～16.65%，成活率提高10.88%～13.37%，每亩增产321～350千克；③不论是分塘养殖还是同塘养殖对比试验，“广清1号”均比“华康1号”生长更快、成活率更高、规格更整齐，达到上市规格时间短，可降低饵料系数，提高养殖经济效益。

2018—2019年，连续2年在安徽淮北市2个养殖基地，开展了翘嘴鳜“广清1号”和翘嘴鳜“华康1号”养殖生产性对比试验。进行了连续2期的生产测试（分塘养殖），每期测试面积为150亩，2年累计测试面积300亩。结果表明，在相同养殖周期内，翘嘴鳜“广清1号”的平均体重比“华康1号”提高15.84%～16.51%，成活率提高11.16%～13.72%；在放养密度为2 000尾/亩时，“广清1号”养殖产量、规格、个体均匀度和饵料系数均显著优于“华康1号”，达到上市规格（500克）时间较“华康1号”短；“广清1号”比“华康1号”每亩增产333.93～352.39千克，增加收入明显。

另外，还在广东、湖北、江苏与安徽等的其他地区进行了中试养殖试验，累计养殖面积3 776亩。各地的养殖试验表明，翘嘴鳜“广清1号”生长速度快、成活率高、均匀度好、适应性强、经济效益显著，是优良的淡水养殖品种。

二、人工繁殖技术

（一）亲本选择与培育

1. 亲本来源

翘嘴鳜“广清1号”新品种亲鱼保存在特定的良种保存基地，亲鱼为经选育性状优良、遗传稳定、适合扩繁推广的群体。挑选体质健壮、体重大于1千克的个体作为亲鱼。

2. 培育方法

亲鱼应单独养殖，严防混杂、逃逸。每亩亲鱼培育池放养0.75～1.0千克的亲鱼130～180尾。饵料鱼以鲮为主，要求健康有活力、不携带病原、无药物残留，规格一致，其全长约为鳜全长的40%～60%。饵料鱼投喂前用3%～5%的食盐水消毒处理5～10分钟。养殖过程注意调节水质，适时补充新水。每天早、中、晚巡塘、观察，及时清除蛙卵、蝌蚪与杂草等。

（二）人工繁殖

1. 催产

在孵化季节（4—6月）选择性腺发育成熟的鳜亲鱼配对催产。成熟雄鱼腹部膨大，肛门内凹处呈微红色，轻轻挤压可见白色精液流出；成熟雌鱼腹部膨大、柔软，将其腹部朝上，卵巢轮廓明显，生殖孔松弛，手压腹部松硬而富有弹性，腹部中线下凹，卵巢下坠后有移动状，肛门红肿稍突出。

亲鱼挑选

催产剂主要为地欧酮（DOM）和鱼用促黄体素释放激素类似物（$LRH-A_2$）。每千克雌鱼剂量为DOM 5毫克+$LRH-A_2$ 4微克，雄鱼剂量减半。水温22～27℃时，效应时间一般为20～24小时。

2. 孵化

（1）自然产卵　亲鱼注射催产剂后，即将雌雄配组放入圆形产卵池，亲鱼密度为2～4千克/米^2。亲鱼在催产剂的作用下，加上在产卵池内定时冲水的刺激，一般经过12小时以后开始发情、追逐、产卵，到了发情高潮时，雌鱼产卵、雄鱼射精，卵精结合成受精卵；约15分钟后进行集卵，打开排水（集卵）口，加大冲水量，形成环流水，并达到适当流速，将受精卵集中到排水（集卵）口，随水管流入集卵箱内，分批取出受精卵，转入孵化池孵化。

（2）人工授精　按水温估算效应时间，提前2小时观察亲鱼预产先兆（每半小时观察1次），待轻压雌鱼腹部有卵粒流出时，即可进行人工授精，按家鱼常规人工授精方法操作。

（3）孵化　受精卵通过孵化环道池进行孵化，孵化密度为50万粒/米^3，环道池内流速应控制在0.1～0.2米/秒，以受精卵在水中漂流、不沉积为宜；脱膜时，适当加大流速，以便清除卵膜及污物；鱼苗出膜后可适当降低流速。

（三）苗种培育

放养前所有培育设施都要进行彻底整理和消毒。培育池注入新水，充分曝气。鳜的苗种培育主要有3种方式，苗种培育模式与放养密度详见表1。

鱼苗

表1　翘嘴鳜“广清1号”培育模式及放养密度

苗种规格全长（厘米）	设　施	放养密度（尾/米²）
开口摄食～0.6	孵化环道	15 000～20 000
0.6～1.0	孵化环道	10 000～15 000
1.0～1.5	孵化环道	6 000～7 000
1.5～2.0	孵化环道	4 000～5 000
	水泥池	700～900
	池塘	120～160
2.0～2.5	孵化环道	3 000～4 000
	水泥地	600～800
	池塘	110～150
2.5～3.0	孵化环道	2 000～2 500
	水泥地	500～700
	池塘	100～140
3.0～10	池塘	20～50
10～14	池塘	5～10

培苗期间每隔3～4天分疏1次，调节放养密度。可根据鱼苗的生长规格，转移至不同培育设施中进一步培育。孵化环道池和水泥池中的鳜鱼苗每天投喂饵料鱼2～3次，每次投喂量为鳜鱼苗数量的4～5倍。池塘培育鳜鱼苗每3天投放饵料鱼1次，每次投放量为鳜鱼苗数量的7～8倍。每次的投放量视池中饵料鱼剩余数量做及时调整。饵料鱼投喂前用3%～5%的食盐水进行消毒处理。每天早、中、晚巡查，观察鱼苗的摄食情况和水质变化。定期对苗种进行镜检，发现病情及时采取防治措施。定期检测池塘水质指标，如有超标及时进行处理。

三、健康养殖技术

（一）健康养殖（生态养殖）模式和配套技术

1. 养殖环境

养殖环境优良，周边无污染源，通风向阳，交通与供电便利。排灌方便，进排水分开，水源充足，塘基坚实、不渗漏，池形整齐，塘底平坦，淤泥不超过20厘米。池塘面积3～5亩，水深1.2～1.5米。每亩配套1.5千瓦的叶轮式增氧机。

2. 苗种培育

鳜苗种培育主要有3种方式。

（1）环道培育　受精卵在环道内进行孵化，幼鱼出膜后60～75小时开始摄食。鳜鱼苗孵化出膜当天，催产2～3批足量的鲂、鳊、鲮或赤眼鳟等，使其受精卵孵化出膜与鳜鱼苗的开口摄食同步。饵料鱼苗的全长应控制在鳜鱼苗全长的60%以下。开口饵料鱼的投喂量为鳜鱼苗数量的7～8倍，每天投喂2～3次；第3～4天后，每次投喂量为鳜鱼苗数量的4～5倍，每天投喂2～3次。培苗期间每隔3～4天分疏1次，调节放养密度。当体长1.5～2厘米时，可在环道内继续培育，或转至水泥池、池塘中培育。

（2）水泥池培育　培育鱼苗前将水泥池池底、池壁冲洗干净，晒池2天。再用高锰酸钾溶液或漂白粉消毒，待毒性消失后再注入新水，培育鳜鱼苗。水泥池配有增氧设备，全天24小时连续充气增氧。饵料鱼规格一致，全长应控制在鳜全长的60%以下。投喂前预先进行消毒处理。每天投喂2～3次，每次投喂量为鳜鱼苗数量的4～5倍，并视池中饵料鱼剩余数量做及时调整。培育过程中应定期过筛、分疏；定期对苗种进行镜检，发现病情及时采取防治措施；定期检测水中氨氮和亚硝酸盐等水质指标；观察水泥池水色变化，及时换注新水。随时观察鳜鱼苗活动与摄食情况，及时补充饵料鱼。发现鱼病，正确诊断，及时治疗。

（3）池塘培育　鱼苗下塘培育前7～10天，对培育池进行清塘与消毒。先使用生石灰、茶粕或漂白粉等药物对池塘进行清塘与消毒，杀灭敌害生物。同时每亩施放经熟化处理的有机肥150～200千克或生物有机肥100～150千克或大草100～200千克培育浮游生物，并逐步加深塘水至1米。注入新水要经网布过滤，严防野杂鱼等进入池塘。下塘前5～7天用密网拉网1次，清除塘中的蛙卵、蝌蚪及其他敌害生物，经试水确定水质安全后，可投放鲂、鳊、鲮、赤眼鳟、鲢或鳙等鱼的水花作为饵料鱼。分2批投放。第一批投放的饵料鱼水花约占饵料鱼总量的40%；3～5天后投放第二批饵料鱼，此时可以放养鳜鱼苗。鳜鱼苗种的放养规格为1.2～1.5厘米，应一次放足。一般池塘培育鳜鱼苗放养量为每亩7万～10万尾，饵料鱼则每亩投放500万～600万尾。

此后每3天投放饵料鱼1次，每次投放量为鳜鱼苗数量的4～5倍，并视池中饵料鱼剩余数量做适当调整。定期对苗种进行镜检，发现病情及时采取防治措施。定期检测池塘水质指标，如有超标及时进行处理。做好日志登记，记录每天池水水质、水色、水温、天气，鱼苗的生长、活动，以及投饵、施肥、加水、防病、施药、分疏等情况。

3. 成鱼养殖

放养前池塘需经干塘，晒塘，以及生石灰、茶粕消毒处理，具体方法同苗种培育，待毒性消失后投放鳜鱼苗。鳜鱼成鱼养殖有2种投苗方式。一是投放1.2～1.5厘米的鳜鱼苗，直接进行标粗养成，放养密度一般为5 000～8 000尾/亩；二是投放经标粗、规格达3～4厘米的鳜鱼苗，放养密度为3 000～4 000尾/亩。具体的放养密度根据饵料鱼的供应、养殖条件以及上市计划等确定。饵料鱼为草鱼、鲢、鳙、鲮、团头鲂、鲫和巴西鲷等的活鱼苗、鱼种。饵料鱼要求健康有活力、不携带病原、无药物残留，规格一致，其全长约为鳜全长的50%。饵料鱼投喂前用3%～5%的食盐进行消毒处理。每3天投饵1次，每次投饵量为鳜存塘量的15%～20%。池塘中应始终保持有饵料鱼，饵料鱼与鳜的数量比例应保持为（5～10）：1。定期检查池塘中鳜的生长情况，及时调整投饵量及饵料鱼的规格。定期对苗种进行镜检，发现病情及时采取防治措施。定期检测池塘水质指标，如有超标应及时处理。一般经过4.5～5个月的养殖可达上市规格。

（二）主要病害防治方法

成鱼

1. 寄生虫病

（1）车轮虫病

【病原体】车轮虫。

【主要症状】鱼体表或鳃部黏液增多，体色灰白。鱼漂浮于水面，靠池边缓慢游动，不捕食。显微镜检查鳃丝可见大量车轮虫。

【流行季节】一年四季均会发生，高发期为5—8月。

【防治方法】使用福尔马林20.0毫克/升，全池泼洒；或选用特效中草药制剂（如特轮灭等），按0.12～0.15毫克/升溶解后全池泼洒。

（2）斜管虫病

【病原体】斜管虫。

【主要症状】鱼体表或鳃部黏液增多，体色灰白。鱼漂浮于水面，靠池边缓慢游动，不捕食。镜检鳃丝可见大量斜管虫。

【流行季节】鳜斜管虫主要暴发的水温在12～22℃，高发期为3—5月和11—12月。

【防治方法】使用福尔马林20.0毫克/升，全池泼洒；或选用特效中草药制剂（如斜管清等），按0.12～0.15毫克/升溶解后全池泼洒。

（3）聚缩虫或累枝虫病

【病原体】聚缩虫或累枝虫。

【主要症状】寄生于鱼体表、鳍条或口腔。肉眼可见体表有白色点状物，虫体寄生于颌齿间（俗称“牙虫”），导致颌齿发红。寄生数量多时，鱼不进食、口不能合上，游动失衡，继而死亡。养殖中后期易出现，刮片镜检可见聚缩虫或累枝虫。

【流行季节】5—8月最为流行。

【防治方法】使用高锰酸钾3～5毫克/升全池泼洒，3～5天后再泼洒1次。或使用含络合铜或硫酸锌等成分的产品，按说明书推荐剂量全池泼洒。

2. 细菌性疾病

（1）细菌性败血病

【病原体】嗜水气单胞菌、温和气单胞菌、鲍氏不动杆菌等。

【主要症状】病鱼体表充血严重，鳍条与眼球等充血，鳃盖呈斑点状出血，肛门红肿，解剖可见腹腔内有红色腹水、胃内无食物，部分肠道充血充气。

【流行季节】2—11月均可发病，7—9月为发病高峰期，流行水温为26℃以上。

【防治方法】使用二氯异氰尿酸0.5毫克/升或漂粉精0.4毫克/升等含氯制剂，或聚维酮碘4.5～7.5毫克/升等含碘制剂，全池泼洒。

（2）烂鳃病

【病原体】柱状黄杆菌等。

【主要症状】病鱼鳃部黏液增多，常附着黄色腐烂物或污泥，鳃丝末端发白腐烂缺损，严重时软骨外露。显微镜镜检可见鳃丝上有大量细长、滑行的杆菌。

【流行季节】每年4月底至11月初是该病的流行时期，在15～30℃水温范围内，水温越高，越容易暴发流行，患病鱼死亡的时间也就越短。

【防治方法】使用聚维酮碘4.5～7.5毫克/升等含碘制剂，或二氧化氯0.2～0.3毫克/升或溴氯海因0.2～0.4毫克/升等含氯制剂，全池泼洒。

3. 病毒病

【病原体】鳜传染性脾肾坏死病毒（ISKNV）、鳜蛙虹彩病毒（MRV）、鳜弹状病毒（SCRV）和病毒性神经坏死病毒（VNNV）。

【主要症状】鳃白、肝白，内脏充血、有出血点，腹腔内有腹水，肠道有黄色黏稠物。

【流行季节】一年四季均会发生，发病高峰期多出现在7—10月。

【防治方法】在鳜病毒防治方面，目前还没有直接有效的防治措施，但采取必要的预防和隔离措施，可在一定程度上阻止病毒的传播与感染。具体的预防措施包括：①开展鳜亲本的病毒检测。对繁殖的鳜亲本进行病毒检测，使用病毒检测阴性的亲本进行人工繁殖。②对饵料鱼进行消毒处理。对投喂的饵料鱼用3%～5%的食盐水、聚维酮碘等进行消毒处理，降低饵料鱼携带病原的机会。③水源封闭式管理。各养殖塘的塘水不交叉使用，有独立的排放系统，并在放养前做好池塘的彻底消毒。④养殖过程中重视生态调水。不使用刺激性药物，减少消毒药的使用。使用的药物以中草药为主，提高鱼体抗病力，并定期加入光合细菌等，补充水体中的有益菌的种类与数量。

四、育种和种苗供应单位

（一）育种单位

1. 中国水产科学研究院珠江水产研究所

地址和邮编：广东省广州市荔湾区芳村西朗兴渔路1号，510380

联系人：孙成飞

电话：13632308152

2. 清远市清新区宇顺农牧渔业科技服务有限公司

地址和邮编：广东省清远市清新区山塘镇马安村草塘

联系人：刘灿洪

电话：13602934118

（二）种苗供应单位

清远市清新区宇顺农牧渔业科技服务有限公司

地址和邮编：广东省清远市清新区山塘镇马安村草塘

联系人：刘灿洪

电话：13602934118

五、编写人员名单

孙成飞，叶星，董浚键，刘灿洪

建鲤2号

一、品种概况

（一）培育背景

鲤作为我国大宗淡水鱼类之一，对鲤的选育自人工养殖开始后即有，但比较系统和全面的育种工作是从20世纪60—70年代开始的，通过选择育种和杂交育种技术方法取得了实际成效，育成了多个新品种。建鲤是中国水产科学研究院淡水渔业研究中心选育的一个鲤新品种，也是我国养殖鱼类杂交选育成功的第一个品种，它是以荷包红鲤和元江鲤为亲本，通过多系杂交、选育和雌核发育技术相结合，再经横交固定而育成的遗传性状稳定的鲤新品种，1996年通过了全国水产原种和良种审定委员会审定。与其他鲤品种相比，建鲤体形偏长，生长快、易起捕、抗逆性强，可在不同地区、不同养殖模式下进行养殖，被农业部审核为适宜推广的水产优良品种，已在我国多地养殖并取得了巨大的经济效益和社会效益。由于适应性广、性状优良，在我国近30个鲤新品种中，建鲤仍然是目前养殖面积较大的鲤品种之一。

作为人工育成品种，建鲤在大规模育种和推广过程中，由于各地区保种选育水平的差异，生产中出现了种质退化的现象，如生长减慢、规格整齐度变差、体形变短、起捕率降低等问题，导致养殖户的养殖效益下降，产品认可度降低。因此，迫切需要对建鲤进行更新换代，培育出性状更优良的建鲤新品种。为了保持和提高建鲤优良的经济性状和遗传稳定性，从2009年开始，育种团队以生长速度为目标性状，结合体形、体色等指标，对保种的建鲤群体开展新品种选育工作。在育种中，选用13个与生长密切相关的SNP标记辅助，采用表型选择结合分子标记辅助选育技术，富集SNP分子标记，在确保建鲤拥有原有各方面优良性状的基础上，进一步提高建鲤的生长增重速度，提高建鲤长体形的比例，减少生长速度相对较慢、市场不太欢迎的短体形、红体色建鲤所占的比例，并逐步在全国鲤主养殖区推广，提高良种覆盖率，在渔业增效、渔民增收方面发挥了积极的作用。

（二）育种过程

1. 亲本来源

建鲤 2 号亲本来自中国水产科学研究院淡水渔业研究中心屺亭科研实验基地保存的建鲤群体，共 4 000 尾。

2. 技术路线

自 2009 年开始进行选育工作，每 2～3 年选育一代。2009 年，按群体选育方法从建鲤基础群体中挑选生长快、体形好的个体繁育，获得 F_1 代。2012 年，采用分子标记辅助选育方法，每代选留富集增重快分子标记数多且体形较好的个体，并以增加后代增重快标记数和避免近亲繁殖为目标选择亲鱼进行配组繁殖下一代。按照这个方法，经连续 10 年的选育，2018 年获得 F_5 代，遗传特征稳定，定名为建鲤 2 号。选育技术路线见图 1。

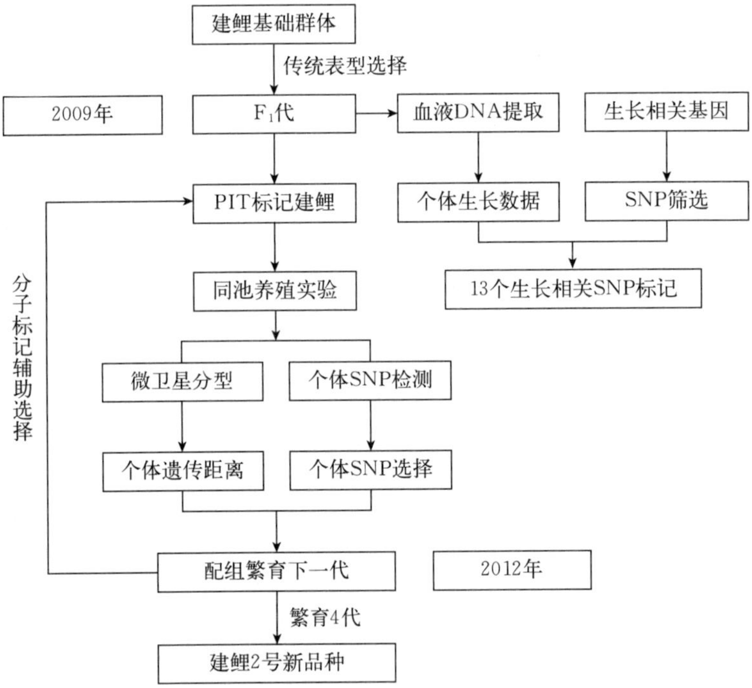

图 1　建鲤 2 号育种技术路线

3. 培育过程

2009 年，根据生长速度和体形性状从建鲤基础群体中选择亲本繁育后代，获得 F_1 代。对 F_1 代进行 PIT 标记并混合在同一池塘养殖，定期记录生长性状，并以 F_1 代为样本，分离建鲤生长相关基因，查找 SNP 位点，检测

F_1 代样本的基因型。通过与个体增重数据的关联分析，筛选与增重相关的加性效应标记，获得了 13 个增重快基因型，这里称增重快分子标记。进一步分析发现，含有 7 个及以上标记的个体增重速度极显著快于含有少于或等于 6 个标记的个体。从 F_1 代群体中选留含 6 个以上增重快分子标记的个体作为后备亲鱼。

2012 年，使用 15 个 SSR 位点确定候选亲本间的遗传距离，根据个体的基因型和遗传距离，从候选亲本中选出 60 雌 40 雄，按 3 雌 2 雄配成 20 组进行繁育，获得 F_2 代。每组保留 500 尾幼鱼，从中选择体重大的 50 尾个体进行 PIT 标记，每代保留 1 000 尾混合养殖，作为下一代的候选亲本。2014 年、2016 年、2018 年，按同样的选育方法，从 800 尾以上候选亲本中选出亲本进行配组繁殖，PIT 标记幼鱼，混合养殖，依次获得 F_3 代、F_4 代和 F_5 代，每个世代的个体选择率为 1.25%。

（三）品种特性和中试情况

1. 品种特性

在相同养殖条件下，与建鲤相比，建鲤 2 号 1 龄鱼生长速度平均提高 17.7%，而且体形匀称修长，体长/体高平均值为 3.11，适宜在全国人工可控的淡水水体中养殖。

2. 中试情况

从 2018 年起，陆续在江苏省、山东省、辽宁省等地进行了生产性养殖对比试验，结果显示建鲤 2 号生长性状良好，同当地建鲤相比，建鲤 2 号具有生长快、体形好、规格整齐度高等特点，取得了显著的经济效益和社会效益。

江苏省东海县老谷丰渔场 2018—2019 年引进建鲤 2 号鱼种（约 10 克/尾），按 1 000 尾/亩的密度放养，套养少量鲢、鳙。经 7 个月左右的养殖，与当地建鲤相比，建鲤 2 号生长速度快 19.3%～20.1%。

山东省梁山县新农沃渔业有限公司 2018—2019 年引进建鲤 2 号鱼种（10 克/尾），按 1 000 尾/亩的密度放养，套养少量鲢、鳙。经 7 个月左右的养殖，与当地建鲤相比，建鲤 2 号生长速度快 15.3%～19.8%，总产量提高 17.4%～20.5%，而且建鲤 2 号成鱼规格整齐度优于当地建鲤。

江苏省连云港市赣榆区荣祥良种育苗场 2018—2019 年共引进建鲤 2 号苗种 2 000 万尾，进行鱼种培育和成鱼养殖。养殖面积为 410 亩，新增产值 70.2 万元，新增利润 23.2 万元，培育的鱼种销往胶东半岛，深受到当地的养殖户和消费者欢迎。

山东省济宁市任城区兴军家庭农场 2018—2019 年引进建鲤 2 号进行商品

鱼养殖，养殖面积为 200 亩。该公司采用池塘主养模式，两年累计新增产值 33.1 万元，新增利润 10.8 万元，取得了良好的经济收益。

辽宁省淡水水产科学研究院实验基地 2019 年引进建鲤 2 号苗种，养殖面积为 80 亩，新增产值 11.6 万元，新增利润 4.2 万元。从养殖结果来看，建鲤 2 号具有生长快、体形好、起捕率高、规格整齐的优点。

综上，2018—2019 年，共生产建鲤 2 号苗种（水花）7 000 万尾，累计推广面积 4 000 余亩。从连续两年中试养殖结果来看，建鲤 2 号具有生长快、体形好的优点，增产效果明显，能产生良好的经济效益。

二、人工繁殖技术

（一）亲本选择与培育

1. 亲本选择

建鲤 2 号亲本由中国水产科学研究院淡水渔业研究中心提供。苗种场引进的亲本应体质健壮、无病、无伤、无畸形、符合建鲤 2 号种质标准，严禁苗种场将自行繁殖的后代作为亲本使用。保种亲本应隔离养殖，严禁其他鲤、鲫混入，以防混杂。

2. 亲本培育

建鲤 2 号亲鱼的配合饲料粗蛋白含量为 28%～33%，日投喂量为鱼体重的 2%～4%，每天上午、下午各投喂 1 次。亲鱼在越冬前 1 个月左右应足量投喂营养全面的配合饲料，满足性腺发育需要，越冬期间减少投喂。春季水温升至 13 ℃以上时，除足量投喂营养全面的配合饲料外，再加喂豆饼、菜饼等高植物蛋白饲料，以促进性腺发育。产后亲鱼投喂足量的配合饲料，使其尽快恢复体质。每 15 天左右泼洒 1 次生石灰、漂白粉等消毒剂，用来调节水质和预防鱼疾病。

（二）人工繁殖

1. 人工催产

（1）亲鱼选择　繁殖一般在春季进行，水温升至 16～20 ℃时可以进行催产。亲鱼应选择体质健壮的个体，用来繁殖的亲本必须达到性成熟，具有体表无损、体色正常、无畸形、生长良好等典型的品种特征。雌鱼 2 龄，体重 1.5 千克以上；雄鱼 1 龄，体重 1 千克以上。亲鱼允许使用年限为 8 龄，应定期从原种场引进新的亲本。性腺发育良好的雌亲鱼腹部膨大，柔软有弹性，泄殖孔稍突出、红润；雄亲鱼用手轻压腹部有乳白色精液从泄殖孔流出，遇水迅速散开。雌雄亲鱼配比为（1～1.5）：1。

（2）催产药物与剂量　常用催产药物有鲤鲫脑垂体（PG）、鱼用绒毛膜促性腺激素（HCG）、促黄体素释放激素类似物（LRH－A_2）。催产药物配伍和剂量为：雌鱼鲤鲫脑垂体 2～4 毫克/千克＋促黄体素释放激素类似物 2～4 毫克/千克，或鱼用绒毛膜促性腺激素 600～1 000 国际单位/千克＋促黄体素释放激素类似物 2～4 毫克/千克；雄鱼剂量减半。注射液用 0.7%～0.9%的生理盐水配制，注射液用量为 0.5～1 毫升/千克。常采用胸鳍基部一次性注射。

（3）效应时间　效应时间与亲鱼性腺成熟度和水温密切相关，性腺发育成熟度好、水温高，效应时间缩短，一次性注射方式水温与注射后效应时间见表 1。

表 1　水温与效应时间

水温（℃）	效应时间（小时）
18～19	18～20
20～21	16～18
22～23	14～16

2. 产卵

（1）鱼巢制备　鱼巢常用制作材料为棕榈片和柳树根等，鱼巢需经清洗、消毒、晾干备用。鱼巢消毒可用 50 毫克/升的高锰酸钾溶液浸泡 5～10 分钟。

（2）产卵池　应注排水方便，环境安静，水质清新，阳光充足，面积为 2～5 亩，水深 80～100 厘米。注水前应彻底清塘，进水需经孔径 0.25 毫米的筛网过滤，池边和池内无杂物。

（3）自然产卵　应选择天气晴朗、水温适宜时进行人工催产，效应时间应控制在 22:00 至清晨。亲鱼注射催产激素后，按雌雄比（1.2～1.5）∶1 的比例放入产卵池，每亩可放亲鱼 500～750 尾。产卵池应配备增氧机，以防天气突变造成缺氧。亲鱼产卵通常在凌晨至清晨为高峰期。

在产卵池周围固定绳子或竹竿，将鱼巢悬挂在绳子或竹竿上，悬吊在水面下（图 2）。鱼巢布置应在亲鱼注射催产激素放入产卵池后进行。

（4）人工授精　注射催产药物后，在接近效应时间时，对雌鱼进行检查，轻压腹部，鱼卵能顺利流出，说明鱼卵已经发育成熟，可以进行人工授精。将雌、雄亲鱼捞起，用毛巾擦干鱼体上的水，同时向盆内挤入鱼卵和适量精液，轻轻搅匀 2～3 分钟，充分授精后进行着巢或脱黏。人工授精过程应避免阳光直射。

图2　产卵池周围的鱼巢

在水池中，均匀铺放鱼巢，加入清洁水没过鱼巢，将人工授精的鱼卵缓缓地倒入，同时用手拍动容器中的水，使倒入水中的鱼卵冲散开，均匀地黏附在鱼巢上。

3. 孵化

（1）静水孵化　一般为水泥池静水孵化和鱼苗培育池孵化。将布有受精卵的鱼巢挂在水泥池或鱼苗培育池中，鱼巢放置深度为水面下10～20厘米。水泥池可放着巢卵10万～15万粒/米^3；鱼苗培育池可放着巢卵50万～80万粒/亩。在放卵前7～15天对水泥池和鱼苗培育池进行严格清塘、消毒，进水需经孔径70～80目的筛网过滤。静水孵化水泥池底部需要布设微孔增氧设施，水深80～100厘米；鱼苗培育池水深50～80厘米（图3）。

（2）流水孵化　流水孵化适用于鱼巢孵化和鱼卵脱黏。流水孵化设施有孵化缸、孵化桶和孵化环道，可放受精卵60万～80万粒/米^3。脱黏常用材料有滑石粉水和黄泥浆水。将受精卵一边倒入脱黏水中，一边搅拌，脱黏2～3分钟，用清水漂洗后放入孵化器内孵化。

（3）孵化时间　受精卵经过3～5天即孵化出膜，孵化时间与水温呈负相关。孵化后3天左右，鱼苗卵黄囊基本消失，腰点（鳔）出现，能平游。水泥池中的鱼苗需在孵化后3天内出售或下池培育，鱼苗培育池中的鱼苗此时需投喂豆浆。

图3　静水孵化中的鱼巢

（4）孵化管理　孵化期间要安排专人值班，每天应多次巡查，遇到断电、断水、断气等问题要及时处理，并填写日志。

（三）苗种培育

1. 池塘消毒

排干池水，曝晒池底7天以上，去除杂物和过多的淤泥，修整池埂。常用消毒剂有生石灰、漂白粉、茶粕。生石灰适用于干法清塘，用水化开后趁热全池泼洒，用量为60～70千克/亩；漂白粉、茶粕适用于带水清塘，水溶后全池泼洒，水深1.0米时，漂白粉用量为4～8千克/亩，茶粕用量为40～50千克/亩。

2. 施基肥

清池后鱼苗池水深应调整为0.5～0.7米；鱼种池水深应调整为0.8～1.0米。进水应用60目筛网过滤。放苗前3～5天，在鱼苗或鱼种池中施发酵腐熟粪肥200～500千克/亩，或绿肥200～300千克/亩，或微生物菌肥1.5～2.0千克/亩。新挖鱼池应增加施肥量或增施化肥5～10千克/亩。

3. 鱼苗放养

放苗前一天，将50～100尾活苗种放入池中的网箱中，经12～24小时后，观察苗种的状态，检查池水药物毒性是否消失。鱼苗下塘应选择在晴天进行，下塘地点应选择在上风处，下塘时的水温差应控制在3℃以内，如超过3℃，应采取先将运苗袋放置于池水中的方法，缓慢进行加温或降温，使温差小于3℃。鱼苗放养时准确计数，一次放足，长江以南地区放养密度20万～30万尾/亩，长江以北地区放养密度15万～20万尾/亩。

4. 养殖管理

鱼苗培育以投喂豆浆为主，将黄豆加水泡软，磨成豆浆投喂。鱼苗放养后，每天用黄豆2～3千克/亩，分2～3次磨成豆浆5千克，滤去豆渣后全池泼洒，豆浆现磨现用；1周后黄豆用量增加到3～4千克/亩；10天后需在池边加泼1次或在池塘周围浅水处堆放豆渣和豆饼糊。

鱼苗下塘时水深在0.5～0.7米，1周后，每3～5天注水1次，每次加深10～15厘米，待鱼苗长至全长3厘米时，池塘水深在1.2～1.5米。每天巡池3～5次，观察水质及鱼的活动情况，及时清除蛙卵、杂草、水绵、水网藻等敌害生物，检查鱼苗摄食、生长及病虫害情况，发现问题及时采取措施并做好记录。水质过瘦需适当追肥，每次施有机肥100～150千克/亩，再加无机肥（氮磷比为9：1）5千克/亩；单用无机肥[氮磷比为（4～7）：1]，用量为10千克/亩，隔天施肥1次。无机肥应在晴天施用。

5. 鱼苗出池

鱼苗经15～20天培育至全长3厘米左右的夏花鱼种时，准备出池。鱼苗出池前，应拉网锻炼2～3次，拉网时间选择在晴天9:00—10:00，阴雨天或鱼种浮头时不宜进行，拉网前停喂饲料1天。拉网时将鱼苗围入网中，观察估算苗种数量和生长情况，密集10～20分钟后再放回池中。

三、健康养殖技术

（一）健康养殖（生态养殖）模式和配套技术

1. 养殖场地

养殖场地应交通便利、电力充足、通信顺畅、水源充足、排灌方便。单个池塘养殖面积5～10亩，水深1.5～2.5米。网箱养殖水位相对稳定，水深大于4米，静水或微流水，流速0.07～0.2米/秒，溶解氧5毫克/升以上，pH 7～8，水体透明度大于1.0米。鱼种放养前应做好池塘的修整、清淤、清除野杂鱼、消毒、注水、施基肥等工作。

2. 鱼种放养

鱼种从建鲤2号培育单位引进，或从培育单位指定良种场引进。放养鱼种应体质健壮，无伤病，鳞片、鳍条齐全，规格整齐，一次放足。鱼种放养时应选择在晴天进行，池塘下塘地点选择在上风处。大规格鱼种一般早春放养，当年夏花在5—6月放养。

3. 放养规格和密度

放养规格和密度应依据各地养殖习惯和预期达到的规格、产量以及实际养殖条件而定。放养规格要整齐，50～150克/尾规格的鱼种，池塘放养密度为1 000～1 500尾/亩，网箱放养密度为100～200尾/米^2。

4. 养殖模式

建鲤2号可采用单养、主养、混养和套养等多种养殖模式。养殖周期一般为12～24个月。单养、主养、混养建鲤2号，以投喂适口配合饲料为主，配合饲料的日投饲量一般为鱼体重的1%～3%，投饲量应根据天气、水质、水温和摄食情况进行调整。池塘养殖的日投饲次数为2～4次，网箱养殖的日投饲次数为3～6次。

5. 养殖管理

每天巡塘2～3次。观察水色和鱼的动态，观察浮头情况，决定是否采取增氧措施、加注新水；每天查看饲料台、检查鱼吃食情况，决定投饲量的增减；及时捞除死鱼、伤残和病重鱼，检查病害情况，并采取相应措施；养殖过程中池水、食台要定期消毒；拉网操作应细心，避免鱼体受伤；发现鱼病及时检查确诊，对症治疗；定期检测水质，发现水中氨氮、亚硝酸盐等含量超标时及时采取措施；高温期和天气突变时要安排专人值班，防止严重浮头、泛塘。每天做好养殖管理记录。

（二）主要病害防治方法

1. 水霉病

水霉病是由于捕捞、运输或在水体中机械损伤，感染了水霉、绵霉、毛霉等真菌而引起。发病初期不易发现，菌丝在皮下肌肉滋生增殖，后期长出繁殖用的体外菌丝，似棉絮状。病鱼游动缓慢，食欲减退直至死亡。

【防治方法】 捕捞、运输时尽量避免鱼体受伤；入池前用5%的食盐水浸洗8分钟。

2. 竖鳞病

竖鳞病又称鳞立病，病鱼鳞片向外张开，竖立起来似松球。病鲤身体表面不光平，鱼鳞呈现不规则的张开状态。该病的出现时间主要集中在春季，病鱼的鱼鳞呈现外张的状态，鳞片之中存在大量的液体，并伴有表皮充血、眼球凸出、腹部膨胀等症状，游速相对缓慢，反应迟钝。

【防治方法】 在养殖、捕捞和运输的时候，应该注重鱼体表的保护，避免因为不当操作导致的鱼体外伤。入池前用3%的食盐水浸洗鱼体消毒10～15分钟，或用硫酸亚铁铵2毫克/升、硫酸铜5毫克/升和漂白粉10毫克/升混合液浸泡鱼体5～10分钟。

3. 疖疮病

疖疮病是由疖疮型的点状产气单胞菌引起。病鱼肌肉组织出现像溃疡一样的脓疮，其疮内充满脓汁和细菌，脓疮周围的皮肤和肌肉发炎、充血，鱼鳍基部充血，鳍条裂开，严重时肠道也充血。

【防治方法】放养前，先用漂白粉5～10毫克/升浸泡鱼种约半小时。发病季节，在食场上用漂白粉挂篓进行预防；发病时用漂白粉1毫克/升全池泼洒，或五倍子1.5～3.0毫克/升煎水全池泼洒。

4. 细菌性肠炎病

肠炎病是由肠型点状产气单胞菌感染引起的细菌性肠炎，在水温20℃的时候开始发生。主要是水质变坏、饲料变质、溶解氧低等因素，导致肠型点状气单胞菌大量增殖，最终形成肠炎病。病鱼游动缓慢，食欲减退，甚至不吃食；病鱼肠壁出现比较明显的充血发炎，疾病后期病鱼的肠道、食道、胃呈红色，内脏器官不正常，肠壁的弹性很差，肠内只有淡黄色的黏液，脓血充塞肠道。

【防治方法】定期补注新水或者定期进行换水，有效保证水质良好；投喂新鲜的饲料，不用腐烂、变质的饲料，避免因为饲料的因素导致肠炎病的发生；在养殖的过程中，每隔15天投喂一次0.2%鱼体重的大蒜素饲料添加剂（含大蒜素10%）药饵；治疗时用漂白粉1.0毫克/升或强氯精（三氯异氰尿酸）0.2～0.5毫克/升全池泼洒，配合用0.2%鱼体重的大蒜素药饵或磺胺嘧啶100毫克/千克（体重）药饵连喂4～6天。

5. 鲤春病

鲤春病是由鲤春病毒引起。发病时鱼无目的漂游，身体发黑，肌肉出血，眼球突出，胰腺坏死，肝、脾水肿，腹部膨胀并大量积水，肛门红肿突出。每年春季水温上升到13～22℃时流行，越冬以后的幼鲤和1龄以上的鲤极易感染，死亡严重。

【防治方法】放养前池塘彻底消毒，鱼种用聚维酮碘30毫克/升浸浴15～20分钟。发病时，换出池塘中1/3～1/2的水体，无换水条件的池塘可全池泼洒水质改良剂，调水后，选择晴天全池泼洒杀虫药和抗病毒药物，第二天再用1次抗病毒药物：大黄[5～10克/千克（鱼体重）]、土霉素[0.5～1.0克/千克（饲料）]、维生素C[1.0～1.5克/千克（饲料）]做成药饵，每天2次，连用1周后再将池水换出1/2。

6. 寄生虫病

常见寄生虫病有甲壳类寄生虫（中华鳋、锚头鳋和鲺）和原虫（车轮虫、斜管虫、鳃隐鞭虫等）。中华鳋大多寄生在鳃部和体表，可见白色蛆状物；锚头鳋寄生在体表，肉眼可见，寄生部位出现红色斑点；鲺寄生，肉眼可见白色半透明片状虫体贴附于体表。感染原虫的鱼常集群散游于池边或下风头处，似缺氧浮头状，鳃黏液增多，常并发细菌性烂鳃病，取鳃丝镜检，发现大量原虫即可确诊。

【防治方法】放养前池塘用生石灰彻底消毒，干池曝晒。发病时，用硫酸铜（0.5 毫克/升）加硫酸亚铁（0.2 毫克/升）全池泼洒。

四、育种和种苗供应单位

（一）育种单位

1. 中国水产科学研究院淡水渔业研究中心

地址和邮编：江苏省无锡市滨湖区薛家里 69 号，214128

联系人：唐永凯

电话：0510－85554198，13771417635

2. 深圳华大海洋科技有限公司

地址和邮编：广东省深圳市大鹏新区葵涌街道金业大道 140 号生命科学产业园 A11 栋 4 楼 403－406 室，518119

联系人：游欣欣

电话：0755－89776676，13728711954

（二）种苗供应单位

中国水产科学研究院淡水渔业研究中心

地址和邮编：江苏省无锡市滨湖区薛家里 69 号，214128

联系人：唐永凯

电话：0510－85554198，13771417635

五、编写人员名单

唐永凯，王兰梅，李建林，俞菊华，李红霞

半滑舌鳎"鳎优1号"

一、品种概况

（一）培育背景

半滑舌鳎（*Cynoglossus semilaevis*）隶属于鲽形目、鳎亚目、舌鳎科、舌鳎属，有"鳎米""鳎目"和"牛舌头"等俗称，是一种暖温性底层鱼类，在我国从南海到渤海均有分布，但以渤海为多。半滑舌鳎肉质细腻、味道鲜美，极受消费者欢迎，市场价值高。自 2002 年中国水产科学研究院黄海水产研究所（以下简称黄海水产研究所）与莱州明波水产有限公司合作突破半滑舌鳎人工繁育技术以来，其养殖业发展迅速，逐步发展成为我国海水养殖鱼类的主导品种之一。2017 年入选国家海水鱼产业技术体系。但随着半滑舌鳎养殖业的快速发展，一些问题相继出现，主要包括如下两大问题：①雌、雄鱼生长差异大，雄鱼比例过高影响了渔民养殖的积极性和苗种推广。半滑舌鳎雌、雄鱼生长差异巨大，尽管鱼苗时期雌雄差异不明显，但到了成鱼期，雌鱼规格是雄鱼的2～4 倍。雄鱼个体小、生长慢影响了渔民养殖的积极性，特别是经过几年的养殖后，长不大的雄鱼比例越来越高，通常达到 70%～90%，降低了养殖产量，限制了其养殖业的发展。所以，解决半滑舌鳎雌雄差异大、雄鱼比例过高的问题，提高生理雌鱼比例就成为半滑舌鳎养殖业中急待解决的重大问题。针对这一问题，黄海水产研究所陈松林团队经过多年努力，查明了养殖群体生理雄鱼比例高的原因和调控机制，建立了高雌苗种制种技术，将生理雌鱼比例从 20%左右提高到 40%，解决了生理雄鱼比例过高影响产业发展的问题。②种质退化、抗病力下降和病害频发，制约了养殖产业的发展。半滑舌鳎野生资源急剧减少，主要通过人工养殖群体进行繁殖，导致近亲交配、种质退化、疾病频发等问题，其中以弧菌为主要病原的细菌性疾病频繁暴发，造成苗种死亡率高达 50%～90%，严重影响了半滑舌鳎养殖业的发展。因此，建立抗病高产分子育种技术，培育高产抗病新品种就成为半滑舌鳎养殖业亟待攻克的重大课题。

为选育半滑舌鳎高产抗病优良品种，黄海水产研究所陈松林团队自 2005

年起相继主持承担国家“十一五”863 课题“海水鱼虾性别控制技术研究与应用”、“十二五”863 课题“基于基因组信息的鱼类（半滑舌鳎）良种选育技术”、国家公益性行业（农业）科研专项“鱼类性别控制及单性苗种培育技术”、国家自然科学基金重点项目“半滑舌鳎抗病性状的遗传解析及抗病分子育种的基础研究”等项目，联合相关半滑舌鳎养殖企业，经过 15 年努力，采用家系选育和全基因组选择等技术，选育出半滑舌鳎抗病高产新品种“鳎优 1 号”。

（二）育种过程

1. 亲本来源

选育用亲本来源于渤海捕捞的野生半滑舌鳎和人工繁殖后形成的养殖群体。

2. 技术路线

选育技术路线如图 1 所示。

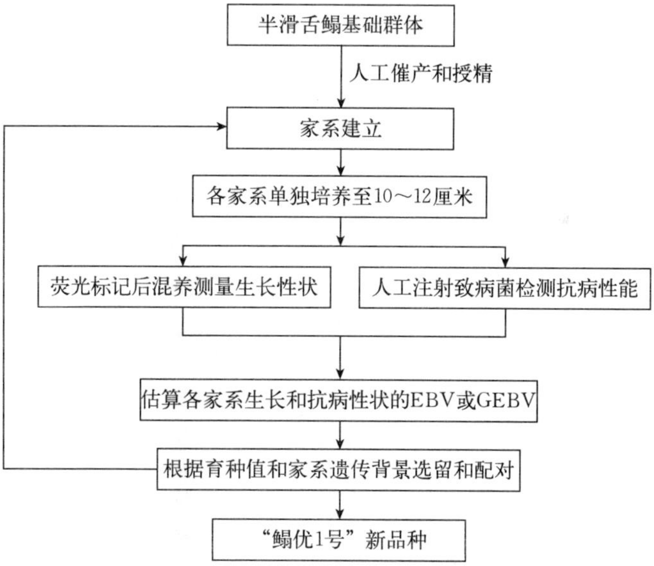

图 1　半滑舌鳎“鳎优 1 号”选育技术路线

3. 选育过程

主要以体重和抗病性为选育目标，采用家系选育和全基因组选择技术，经过 4 个世代选育而成。具体选育过程介绍如下。

（1）半滑舌鳎第一代家系的建立与选育（2008—2010 年）　2008—2010 年在莱州明波水产有限公司建立半滑舌鳎第一代家系 73 个。当家系鱼苗生长到

10～12厘米时，从每个家系中随机选择150～200尾个体，进行荧光标记后混养。标记后的鱼苗经过约1年的培养后进行体重、体长测量。计算各家系鱼的体重和全长的平均值以及平均日增重（养殖期间增加的平均重量/实际养殖时间）。估算各家系生长性状的育种值（EBV），并利用育种值评价不同家系的生长性能。从第一代家系中筛选出快速生长家系12个。

当家系鱼苗生长到10～12厘米时，每个家系随机捞取100～200尾鱼苗进行病原弧菌感染实验，获得存活率数据。估算各家系抗病性状的育种值（EBV）。筛选到抗病（高存活率）家系11个。

（2）半滑舌鳎第二代家系的建立与选育（2012—2013年） 2012—2013年在山东海阳市黄海水产有限公司利用第一代家系中选出的快速生长家系和抗病家系以及部分昌邑群体选育出的快速生长雌鱼群体作为亲本建立了第二代家系和群体，共建立半滑舌鳎第二代家系80个。

按照第一代家系中快速生长家系的选育方法进行第二代快速生长家系的筛选，筛选到快速生长家系12个。

按照第一代家系中抗病家系的选育方法进行第二代抗病家系的筛选，筛选到抗病家系10个。将这些抗病力强的家系进行重点培育至性成熟，同时引入一些第二代群体选育的亲鱼用于下一代家系的建立。

（3）半滑舌鳎第三代家系的建立与选育（2014—2015年）

① 第三代家系的建立及快速生长和抗病家系的筛选。2014—2015年在莱州明波水产有限公司和海阳市黄海水产有限公司，利用第二代家系等作为亲鱼建立第三代家系184个，其中2014年在莱州和海阳分别建立80个和54个家系，2015年在海阳市黄海水产有限公司建立50个家系。

按照上述快速生长家系选育方法进行第三代快速生长家系的选育，筛选到快速生长家系26个。按照上述抗病家系选育方法，共筛选到抗病家系23个。

② 半滑舌鳎第三代家系基因组育种值（GEBV）计算。对2014年选育的54个第三代家系进行了全基因组重测序和基因组育种值计算。结果表明，在GEBV排名前12的家系中，有7个家系的感染后存活率位于前11名，属于抗病家系。基因组育种值与家系感染后的存活率有较好的相关性，可以指导抗病家系的选择。因此，结合家系感染后的存活率和基因组育种值，选择了感染存活率和基因组育种值都比较高的12个家系进行重点培养。

（4）半滑舌鳎第四代家系的建立与选育（2016—2017年）

① 半滑舌鳎第四代家系的建立及速生、抗病家系筛选。2016—2017年在莱州明波水产有限公司和海阳市黄海水产有限公司利用第三代家系等作为亲本建立第四代家系113个。

根据第一代速生家系的选育方法，筛选出13个快速生长家系。根据第一代抗病家系的选育方法，筛选到13个抗病家系。

② 第四代家系基因组育种值（GEBV）计算。根据第四代家系人工感染哈维氏弧菌实验结果，共选取19个家系的182尾感染个体进行基因组重测序。其中，共有11个家系的感染后存活率高于对照家系，感染后存活率高于60%的家系有5个，这些家系的平均感染后存活率和GEBV分别为71.48%和0.237；而对照组家系的感染存活率和GEBV分别为30.1%和0.029。由此可见，感染后存活率高的家系的基因组育种值GEBV（0.237）明显高于对照组的GEBV（0.029）。据此，选育出感染存活率和基因组育种值都较高的第四代家系用作“鳎优1号”的亲本家系。

（5）半滑舌鳎“鳎优1号”的产生　经过4个世代的选育，半滑舌鳎抗哈维氏弧菌感染能力和生长速度比对照组有了明显提高，例如第四代抗病家系16L25、16L26、16L27、16L28和16L31等在哈维氏弧菌感染后的成活率平均为71.48%，比所有家系平均感染存活率（30.25%）提高了41.23个百分点，比对照组家系的感染成活率（30.1%）提高了41.38个百分点。同时，通过基因组选择计算出这些抗病家系的基因组育种值GEBV平均为0.237，明显高于对照组的0.029。因此，将这些抗哈维氏弧菌感染能力强的家系与快速生长家系16L17、16L02、16L34或16L37等交配，其后代具有生长快、抗哈维氏弧菌感染能力强、养殖成活率高等优势，作为首个半滑舌鳎新品种，将其命名为半滑舌鳎“鳎优1号”（图2）。

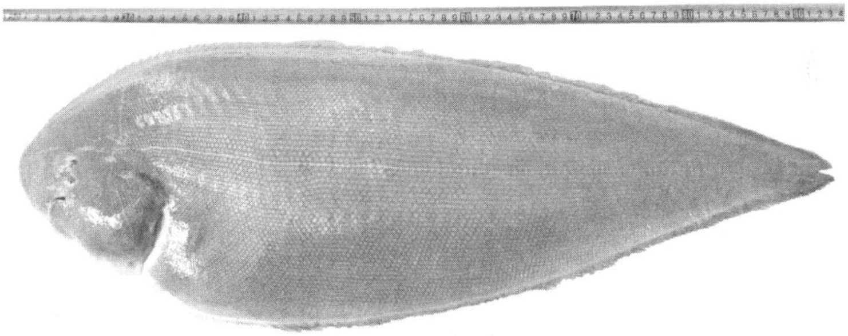

图2　半滑舌鳎“鳎优1号”

（三）品种特性和中试情况

1. 品种特性

（1）生长速度快　2018年和2019年在唐山市维卓水产养殖有限公司和海阳市黄海水产有限公司等共进行了7次小试试验，2018年和2019年在山东、河北、天津的9个水产养殖公司共进行了11次中试养殖试验，综合小试和中试的生长数据（平均体重）来看，半滑舌鳎“鳎优 1 号”的生长比对照组快 12.5%～30.3%，平均快 17.65%。

（2）抗病力强和养殖成活率高　于 2018 年 10 月和 2019 年 7 月分别对“鳎优 1 号”家系鱼苗的抗哈维氏弧菌感染能力进行了实验评价。2018 年的人工感染实验表明，“鳎优 1 号”家系鱼苗在感染后的平均存活率为 88.53%，同批次对照组的感染存活率为 50.36%，“鳎优 1 号”比对照组提高 38.17 个百分点；2019 年的人工感染实验表明，“鳎优 1 号”家系鱼苗在感染后的平均存活率为 85.71%，对照组的感染存活率为 57.05%，“鳎优 1 号”比对照组提高 28.66 个百分点。第三方机构进行的现场测试表明，人工感染哈维氏弧菌后，“鳎优 1 号”家系的平均存活率为 85.38%，比对照组成活率（59.29%）提高 26.09 个百分点。综合上述结果，“鳎优 1 号”鱼苗在哈维氏弧菌感染后的存活率比对照组平均提高 30.98 个百分点，可见“鳎优 1 号”鱼苗的抗哈维氏弧菌侵染能力明显增强。

2018 年和 2019 年在唐山市维卓水产养殖有限公司和海阳市黄海水产有限公司共进行了 7 次小试养殖试验，2018 年和 2019 年在山东、河北和天津的 9 个水产养殖公司共进行了 11 次中试养殖试验，综合所有小试和中试的养殖成活率来看，“鳎优 1 号”半滑舌鳎的养殖成活率比对照组高 10.77%～22.77%，平均提高 15.73%。

（3）雌鱼比例高　“鳎优 1 号”生理雌鱼比例为 40%左右，比普通苗种提高 15%～20%。

2. 中试情况

2018—2020 年，选取我国半滑舌鳎主要养殖区的河北、天津和山东的部分地市进行中试试验。中试单位包括唐山市维卓水产养殖有限公司、海阳市黄海水产有限公司及其他第三方公司。中试结果详见表 1。由第三方公司的中试结果可知，“鳎优 1 号”的生长速度比对照组平均提高 16.3%，养殖成活率比对照组平均提高 15.7%。

表 1　“鳎优 1 号”新品种中试养殖结果汇总表

中试地点	年份	组别	养殖成活率	“鳎优 1 号”成活率比对照组提高（百分点）	“鳎优 1 号”增重比对照组提高
山东昌邑	2018	“鳎优 1 号”	59.70%	16.65	12.25%
		对照组	43.05%		
天津滨海新区	2018	“鳎优 1 号”	86.00%	16.00	15.00%
		对照组	70.00%		

（续）

中试地点	年份	组别	养殖成活率	"鳎优1号"成活率比对照组提高（百分点）	"鳎优1号"增重比对照组提高
河北唐山1	2018	"鳎优1号"	86.00%	14.00	17.60%
		对照组	72.00%		
河北唐山2	2018	"鳎优1号"	83.00%	14.00	17.90%
		对照组	69.00%		
天津滨海新区	2019	"鳎优1号"	87.80%	18.40	19.10%
		对照组	69.40%		
河北唐山	2019	"鳎优1号"	85.00%	17.00	15.60%
		对照组	68.00%		
山东滨州	2019	"鳎优1号"	91.00%	14.00	16.40%
		对照组	77.00%		

二、人工繁殖技术

（一）亲本选择与培育

1. 亲本来源

半滑舌鳎"鳎优1号"亲本主要保存在海阳市黄海水产有限公司的鲆鳎鱼育种基地和唐山市维卓水产养殖有限公司。雌性亲本应当选择2龄以上个体（体重1千克以上）；雄性亲本应当选择1龄以上个体（150克以上），并利用性别特异分子标记进行遗传性别鉴定，将伪雄鱼淘汰掉，只留ZZ型雄鱼用于繁殖生产；亲本应当体质健壮、活力好。

2. 亲本的促熟培育

亲本应当提前3个月以上进行控温和营养强化培育。雌雄比例为1∶3，培育期间，水温控制在22～24℃，盐度28～30，溶解氧6毫克/升以上。每天投喂2～3次鲜活饵料（沙蚕、贝肉等），日投喂量为鱼体重的2%～4%。

（二）人工繁殖

1. 人工催产与授精

人工催产参照杨景峰等（2010）的方法。雌鱼每千克体重注射促黄体素释放激素A_3 0.5～1.0微克、地欧酮5～10毫克，雄鱼剂量减半。催产36～40小时后，用抚摸的方法检查卵巢情况，若能够感觉到卵子流动，说明已经排卵，应当立即进行人工挤卵，同时挤精，每500毫升卵子与0.2～0.5毫升精子混合后，进行干法授精。

2. 受精卵孵化

将受精卵放入 80 目的孵化网箱中进行孵化，每立方米水体放卵量为500～1 000 毫升，孵化网箱中微充气，孵化水温 22～24 ℃，出膜时间 40 小时左右。出膜前 6 小时左右收集上浮卵，称量后放入育苗池中进行培育。

（三）苗种培育

1. 仔稚鱼培育（孵化后 30 天以前）

（1）放卵密度　每立方米水体放卵量 10 克左右。

（2）水质条件　水温控制在 23～24 ℃，盐度 28～30，光照强度控制在1 000勒克斯以上，溶解氧 6 毫克/升以上。海水水质达到国家一类渔业水质标准，经过二级或三级沙滤，并经过紫外线消毒处理。

（3）投喂管理　孵化后第 3 天开始投喂轮虫，同时添加小球藻浓缩液。每天投喂 2～3 次，根据鱼苗摄食情况适当增投或减投，轮虫需要用裂壶藻和鱼油等进行强化。轮虫参考投喂量为每毫升水体 100～200 个，小球藻的细胞浓度控制在 50 万～100 万个/毫升。鱼苗孵化后第 10 天开始投喂卤虫无节幼体，每天投喂 2～3 次，卤虫无节幼体需要用裂壶藻和鱼油等进行强化。投喂卤虫无节幼体的量为每毫升水体 2～3 个。鱼苗变态完成后，不再添加小球藻。

（4）池底吸、排污　鱼苗变态前 1～2 天，采用虹吸的方法将池底的污物吸出，并用加大换水量的方法将水体中的悬浮物排出。

（5）换水量管理　鱼苗变态前采用微流水进行溢流式换水，每天换水量为全部水体的 1/3～1/2，鱼苗变态后，每天换水量增加到全部水体的 3～4 倍。

2. 幼鱼培育（出膜 30 天后）

鱼苗此时生长到 1 厘米以上，需要将鱼苗进行倒池和分池，适当降低养殖密度。水质等条件同前。

（1）投喂管理　每天投喂卤虫成体 2～3 次，根据鱼苗摄食情况适当增投或减投，饱食为宜。鱼苗生长至 2～3 厘米时，开始投喂适口配合饲料，每天投喂 2～3 次，投喂完配合饲料 1 小时后，观察鱼苗摄食情况，并适当补充投喂少量卤虫成体。待鱼苗完全摄食配合饲料后，停止投喂卤虫成体，只投喂配合饲料。

（2）放养密度　随着鱼苗的生长，需要定期调整鱼苗密度，全长 1 厘米左右时，每平方米池底面积 1 500～2 000 尾；全长 2～3 厘米时，每平方米池底面积 800～1 000 尾；全长达到 5～8 厘米时，每平方米池底面积 300～500 尾。

（3）池底排污　每次投喂完 1～2 小时后，将育苗池的排水管打开，通过快速排水将水中残饵和粪便等排出。

（4）换水量管理　采用溢流式换水，每天换水量为全部水体的5～6倍。

三、健康养殖技术

（一）健康养殖模式和配套技术

1. 养殖模式

半滑舌鳎“鳎优1号”适宜进行工厂化流水养殖和循环水养殖等，养殖管理等方法与普通半滑舌鳎基本一致。如果养殖用水来自室外沉淀池塘，要注意保持沉淀池水质清洁、稳定，定期对养殖水源进行消毒，结合有益生物菌制剂调节水质，池底氧气充足是养殖成功的前提。

2. 鱼苗筛选

由于半滑舌鳎雌雄生长差异大，在养成过程中需要进行分苗，即将生长较慢的雄鱼苗挑选出来淘汰掉，只保留生长速度快的雌鱼进行养成。鱼苗生长至3～4月龄时，进行第一次淘汰，淘汰比例为5%～10%；鱼苗生长至5～6月龄时，进行第二次淘汰，淘汰比例为10%～20%；鱼苗生长至7～8月龄时进行第三次淘汰，淘汰比例为20%左右。尽量保持同一池中的鱼体大小基本一致，以保证饲料粒径的一致性和适口性，以免造成小规格鱼吃不了相对大粒径饲料而体质下降，引起病害发生和蔓延。

3. 日常管理

（1）水质条件　水温范围15～26℃，最适水温22～24℃；盐度28～30为宜；溶解氧6毫克/升以上；pH 7～8。除此之外，定期对水质进行检测，保证各项指标符合养殖用水标准。

（2）放养密度　全长5～10厘米，放养密度为200～500尾/米^2；全长10～15厘米，放养密度200～300尾/米^2；全长15～20厘米，放养密度80～100尾/米^2。体重50～300克，放养密度5～10千克/米^2；300克以上至成鱼阶段，放养密度10～15千克/米^2。注意密度不宜过大，不要出现鱼在池底重叠的现象。

（3）饵料投喂　根据生长情况调整适口饵料的粒径，50克以下幼鱼期日投喂量为鱼体重的1%～1.5%；50克以上时，日投喂量为鱼体重的0.7%～1%。每天投喂2～3次，饱食为宜。投喂的饲料定期添加多种维生素、益生菌等，使鱼体保持良好的消化吸收状态，同时这些添加剂有利于促进肝胆健康。

（4）清洁管理　及时清除池中残饵粪便等污物，保持养殖池环境优良。重视清洁养殖池时的水体消毒工作，每次清扫前以高锰酸钾1.5～2毫克/升泼洒池壁及养殖水体10～15分钟，然后将池壁刷洗干净，顺水流清扫池底，使鱼苗不因脏污泛起糊鳃而造成细菌感染。

（二）主要病害防治方法

“鳎优1号”新品种抗病性强，在试验养殖和推广过程中尚未见严重病害发生。常见病害防治方法参考半滑舌鳎。半滑舌鳎的常见和危害严重的病害是细菌性疾病，寄生虫病和病毒病也有少量报道，但是没有广泛传播。

1. 细菌性疾病

（1）烂鳍烂尾病

【主要症状】烂鳍烂尾病是半滑舌鳎养成期的最常见疾病，也是高发疾病之一。发病初期鳍条散开，充血发红；发病后期整个鳍边和尾部充血溃烂，甚至烂至肌肉组织，溃烂伤口红肿出血，个别的会慢慢愈合，影响鱼苗品质，溃烂严重时可引起死亡。

【防治方法】在分池、捕捞和运输时，用10克/米^{3}维生素C泼洒全池以降低应激性，操作过程中应小心、轻柔，防止鱼体出现损伤；按时吸污和清洁池底，适当加大换水量，保证养殖环境优良；发病时，先用过氧化氢溶液（水产用）50～100毫克/升消毒清洗伤口，16～24小时后用抗生素（在执业兽医师的指导下，按照说明书用量泼洒）连续药浴3天可缓解病情，再科学投喂饵料，保持正常摄食即可恢复病情。

（2）溃疡病

【主要症状】发病初期，体表鳞片脱落；后期溃疡部位增大，形成溃疡斑，损伤逐渐扩展加深。

【防治方法】养殖过程中合理控制苗种密度，保持水质新鲜，科学投喂饵料和定期消毒。发病时，立即将病鱼隔离，用聚维酮碘溶液（水产用）浸泡1小时消毒，24小时后用抗生素（在执业兽医师的指导下，按照说明书用量）药浴3～5天消炎。

（3）肠炎和腹水症

【主要症状】半滑舌鳎肠炎和腹水症的主要症状和其他鱼类相似，表现出活力下降、摄食减少、腹部隆起，尤其是肠腔充满积液，对腹腔造成压力，引起部分肠道脱垂。发生肠炎的病鱼消化能力受损，有白便。患腹水症的病鱼腹部隆起，腹腔内充满浅黄色积水，脾和肾肿大。

【防治方法】针对此病，在养殖生产中应该以提前预防为主，分拣活力较弱或摄食不佳的病鱼，及时进行消毒。发病时，在执业兽医师的指导下用药治疗。在投喂的饲料中定期添加多种维生素、益生菌、保肝利胆药物等以保持良好的消化吸收能力。同时适当减少投饵量、降低养殖密度。

（4）烂鳃病

【主要症状】患病舌鳎体色发黑，鳃丝肿胀、黏液增多、呈黏稠状腐烂，呼吸困难，在池底面贴合不稳，游动上浮于水面。

【防治方法】彻底清池消毒，保持水质良好。在执业兽医师指导下用药治疗。

（5）内脏结节病

【主要症状】病鱼体质变弱，体色变浅，食欲减弱，游动无力，脾、肾和肝均有不同程度的肿大，有许多白色结节，严重时肾遍布结节，呈糜烂状。

【防治方法】定期投喂免疫制剂，提高鱼体抗病力；及时清除病鱼，控制放养密度。

2. 病毒性疾病

目前报道的半滑舌鳎病毒病主要为神经坏死病毒病，通常在苗种时期发病，死亡快、传播性强。

【主要症状】患病小苗游动异常，不能伏底，全身大幅度波浪状浮动。病鱼体表无明显症状，因此在早期不易发现，到中后期发生大量死亡。

【防治方法】在苗种期观察鱼苗状态，发现病鱼立即隔离，防止病毒传播。

3. 寄生虫疾病

目前报道的半滑舌鳎寄生虫病病原包括车轮虫等，主要寄生在鱼体鳃部。

【主要症状】寄生虫少量寄生时，病鱼无明显症状；大量寄生时，鳃丝分泌黏液增多，呼吸功能严重受损，上浮漂游。

【防治方法】用生石灰、氯制剂及其他消毒剂对养殖用水进行消毒，待药效消失后施用生物制剂如EM菌、芽孢杆菌等稳定水质。车间养殖池可以用戊二醛、硫酸铜、高锰酸钾等杀虫，并注意适时更换新水。适当降低苗种养殖密度，对场区、工具进行定期消毒。及时隔离病鱼，防止发生继发性细菌感染。

四、育种和种苗供应单位

（一）育种单位

1. 中国水产科学研究院黄海水产研究所

地址和邮编：山东省青岛市南京路106号，266071

联系人：陈松林

2. 山东海阳市黄海水产有限公司

地址和邮编：山东省海阳市龙山街道西安路南端，265100

联系人：薛致勇

3. 河北唐山市维卓水产养殖有限公司

地址和邮编：河北省唐山市曹妃甸区小清河大桥北1公里，063202

联系人：程向明

4. 莱州明波水产有限公司

地址和邮编：山东省莱州市三山岛街道，261442

联系人：翟介明

5. 天津市水产研究所

地址和邮编：天津市河西区解放南路 442 号，300202

联系人：张博

（二）种苗供应单位

1. 中国水产科学研究院黄海水产研究所

地址和邮编：山东省青岛市南京路 106 号，266071

联系人：陈松林，李仰真

电话：13964865527，18560678796

2. 河北唐山市维卓水产养殖有限公司

地址和邮编：河北省唐山市曹妃甸区小清河大桥北 1 公里，063202

联系人：程向明

电话：15130558896

五、编写人员名单

陈松林，李仰真，王磊，程向明，杨英明，周茜，卢昇

三角帆蚌“申浙3号”

一、品种概况

三角帆蚌
“申浙 3 号”

（一）培育背景

我国淡水珍珠产量占世界珍珠总产量的 90%以上，但珍珠产值占世界珍珠总产值的份额亟待提升，优质淡水珍珠产出率低的状况还没有根本转变。优质珍珠的评价指标包括大小、圆度、颜色、光泽度、表面光洁度和有核珍珠（珍珠层）厚度 6 个，其中大小是影响珍珠质量和价值最关键的因素。三角帆蚌是我国最主要的淡水育珠蚌，也是我国特有珍珠蚌，前期研究发现，三角帆蚌规格与珍珠规格呈正相关，因此，可以以体重、壳宽为目标性状对三角帆蚌进行选育，以提高产大规格珍珠的比例。

（二）育种过程

该品种是以 2001—2002 年从鄱阳湖和洞庭湖三角帆蚌野生群体中分别收集挑选的 450 只和 350 只个体为基础群体，以体重和壳宽为目标性状，采用群体选育技术，经连续 4 代选育而成。

（三）品种特性和中试情况

在相同养殖条件下，与未经选育的三角帆蚌相比，4 龄蚌体重平均提高 16.2%，壳宽平均提高 10.3%，单蚌产 8 毫米以上大规格无核珍珠比例平均提高 20.5%，单蚌产 10 毫米以上大规格有核珍珠比例平均提高 23.0%。

2017 年 6 月，万年县凤珠实业有限公司引进三角帆蚌“申浙 3 号”小蚌。当年 10 月，插种无核珍珠，2019 年 12 月，随机抽样检查，较未选育的三角帆蚌产 8 毫米以上大规格珍珠比例提高 20.6%。2018 年 10 月，插种有核珍珠，2020 年 5 月，随机抽样检查，较未选育的三角帆蚌产 10 毫米以上大规格珍珠比例提高 23.1%。

2017 年 6 月，浙江润和珍珠养殖有限公司引进三角帆蚌“申浙 3 号”幼蚌。当年 10 月，插种无核珍珠，2019 年 12 月，随机抽样检查，较未选育的三角帆蚌产 8 毫米以上大规格珍珠比例提高 20.3%。2018 年 10 月，插种有核珍珠，2020 年 5 月，随机抽样检查，较未选育的三角帆蚌产 10 毫米以上大规格珍珠比例提高 22.9%。

二、人工繁殖技术

（一）亲本选择与培育

1. 亲蚌来源

繁育生产三角帆蚌“申浙 3 号”的亲蚌，由上海海洋大学、金华市浙星珍珠商贸有限公司和武义伟民水产养殖有限公司培育，蚌龄 3～6 龄。

2. 亲蚌选择标准

亲蚌蚌壳外表疏密相间的生长线宽大，蚌体厚实；外鳃整齐无缺损，无寄生物，体质健壮，无任何病害；受惊后两壳闭合迅速，喷水有力。

3. 亲蚌培育方法

亲蚌采用温室大棚培育。每年 11 月建成亲蚌培育温室大棚，温室面积一般 2～3 亩，水深 1～1.5 米。首先清池，清除池底残余三角帆蚌以及其他淡水贝类，避免造成种质污染、营养竞争等，然后采用生石灰消毒，用量 60～80 千克/亩，最后采用高透光塑料布及钢结构支架在池塘上搭建温室大棚。温室大棚搭建好后，向池塘注水，注水后尽快把优选亲蚌挂入温室，每亩 300～400 只亲蚌，雌雄比为 4∶1。培育过程中注意定期检查大棚是否有破损，及时清扫积雪；保障饵料鲜活嫩爽，用施肥和加换水的方法把池水水色调至黄绿色；用生石灰将池水的 pH 调至 7～8；使用增氧设备，把池水的溶解氧调至 5 毫克/升以上。亲蚌温室培育 2 个月，至翌年 3 月即可怀成熟钩介幼虫。

（二）人工繁殖

1. 寄主鱼准备

用于繁蚌的寄主鱼为黄颡鱼，应挑选体质健壮、游动活泼、色泽鲜艳、无伤无病个体，体重在 50 克左右最佳。繁殖 100 万只幼蚌需要 75 千克寄主鱼。寄主鱼在网箱暂养过程中，应将网箱提前放入水中 1 周，待网箱箱体长满附着藻类为宜，以避免鱼体与网箱摩擦损伤。投喂优质颗粒饲料强化培育用作采苗的寄主鱼，在采苗前须停食 2 天。

2. 检查钩介幼虫成熟度

外观：外鳃瓣非常丰满，鳃丝粗壮，呈现橙黄色或暗红色。

足丝：用解剖针点刺鳃瓣，若能带出一条丝状的钩介幼虫，则说明“育儿囊”内的钩介幼虫发育已成熟。成熟的钩介幼虫足丝发达，相互交织在一起而形成丝状体。

镜检：将取出的钩介幼虫置于显微镜下观察，如果一个视野里的钩介幼虫全部或大部破膜，且两壳已能微微扇动，则表明钩介幼虫已成熟。

3. 产苗

将选好的钩介幼虫成熟的雌蚌洗干净，在阴凉处露空半小时后，平放在底径约 50 厘米、深 20～25 厘米的大盆中，每盆放 10 只为宜，加清水（与池水温度差不超过 1 ℃）至刚好浸没雌蚌为准。雌蚌排出成团状的絮状物，约 30 分钟已有一定密度后，取出雌蚌，放入另一大盆中继续让其产苗。

4. 采苗

用玻璃棒在大盆中轻轻地搅动水体，使含钩介幼虫的絮状物散开。将寄主鱼放入产苗盆内，每只雌蚌通常放入寄主鱼 0.5～1 千克，进行静水采苗。采苗时间控制在 10～20 分钟，以每尾寄主鱼寄生钩介幼虫 1 000 只左右为宜。采苗期间，用一个小型增氧泵给产苗盆中增氧，并加注新水。采好苗的寄主鱼应及时转移至暂养设施。

5. 采苗寄主鱼饲养

钩介幼虫寄生在寄主鱼鳃上生长发育，因此，钩介幼虫的培育环节主要是采苗寄主鱼的饲养。寄主鱼饲养主要包括网箱养殖和育苗池流水养殖 2 种方法。繁育规模较大时，适宜网箱养殖，即将寄主鱼放入原暂养网箱。繁育规模较小时，适宜在流水育苗池养殖，每平方米育苗池放养寄苗黄颡鱼 1～1.5 千克，育苗池水的流量 300～500 毫升/秒。养殖期间，每日投饲 2 次饲料，日投喂量为寄主鱼重量的 2%左右，注意及时清除残饵。

6. 脱苗

技术员自寄苗之日起，每日 8:00、12:00 和 17:00 各测水温 1 次，其平均值代表每日水温。生物学零度和有效积温作为经济动物人工育苗时控制温度或发育历期的重要参考条件。三角帆蚌钩介幼虫发育至稚蚌的生物学零度为 8.4 ℃，钩介幼虫发育至稚蚌的有效积温为 165 ℃，三角帆蚌采苗时间预报公式为：采苗时间=165/(平均日温-8.4)。平均日温为自寄苗之日起至检测日期间的平均水温。预测到脱苗还需 2 天时，停止给寄主鱼投食，将育苗池打扫干净，放新水至 17 厘米，将寄主鱼转至育苗池脱苗，至寄主鱼鳃丝及鳍条上的小白点消失，说明蚌苗已基本脱完，及时将寄主鱼捞出，进入蚌苗培育。

（三）苗种培育

1. 流水式苗种培育系统

采用流水式培育系统培育蚌苗，该系统包括调水池、培育池和回水池。

调水池用来调节水体理化指标及培育饵料生物，为了满足蚌苗生长的饵料需求，调水池与培育池的面积比一般为（3～4）：1。育苗前期，调水池需要加盖温室大棚，以保持与育苗池一致的水温，并提高饵料生物量；育苗后期，池塘水温、水质较稳定时，可直接采用大的池塘替代调水池。

苗种培育池可用砖块堆砌，整修简易方便，池底铺塑料薄膜即可，面积通常 2～3 米^2，池深 30 厘米，苗种培育池在育苗大棚中并排分布（图 1）。

图 1　育苗大棚布局

在苗种培育大棚设置回水池，内安装水泵，实现育苗水的循环利用，根据苗种繁育规模和水泵功率设计回水池大小，一般 2～3 米^3 即可。

2. 蚌苗培育

（1）放养密度　每平方米育苗池放养蚌苗 2 万～3 万只为宜。

（2）控制流速　池水流速前期慢后期快，流速 0.5～2 米^3/小时，夜间大于白天。

（3）增加溶解氧　池水溶解氧不得低于 5 毫克/升。

（4）添加营养泥　每天加入营养泥，营养泥的加入量与稚蚌的壳高一致，为了避免淤泥过多以及出现淤泥堆积的死角，严格量化添加营养泥，每日 1 次。

（5）操池练苗　为了避免蚌苗过于集中而窒息死亡，坚持勤操池，每日至少 2 次，疏散蚌苗。操池时，手不要碰到池底。

3. 小蚌培育

采用网箱培育。

（1）水体和网箱消毒　生石灰消毒浓度为350毫克/升，使用时将生石灰加适量水化开，全池均匀泼洒，药效时间为7～10天。

（2）放养规格　壳长0.8～1厘米的蚌苗。

（3）放养密度　所述网箱规格为50厘米×50厘米×10厘米，以每个网箱放养100～150只蚌苗、每公顷放养60万只为宜。

（4）网箱吊养　网箱间距4米，吊养于水下30厘米处为宜。

（5）添加营养泥　厚度以幼蚌能直立为宜，0.8～1厘米。

（6）勤洗网衣　网衣上的附着藻类要勤洗刷。

三、育珠手术操作

（一）无核珍珠手术操作

1. 插核时间和水温

接种时间一般在每年的3—6月或9—11月。接种水温以15～26℃为宜。

2. 育珠蚌和小片蚌选择

插核用育珠蚌和小片蚌均选用三角帆蚌“申浙3号”，蚌龄以不超过1足龄为宜。蚌壳长7～9厘米，个体重不得低于20克，蚌体厚实。外壳色泽鲜艳、光亮，呈深绿至青蓝色，或黄褐色。每一个生长季节的生长速度快，生长线相距2～3厘米。蚌体完整无损伤，腹缘整齐，有明显的黄褐色壳皮层。外套膜肥厚细嫩，呈白色，不得脱离壳。肠道含食饱满。斧足肥硕，体质健壮。受惊后两壳迅速闭合，喷水有力。插片蚌要求前端较圆，蚌体较膨突。插核前做好检疫，做到插核蚌无伤无病。选择时要逐个蚌检验，一旦发现受伤蚌或患病蚌，剔除不用。对于病伤严重的作业蚌，应考虑整批蚌不用。

3. 育珠蚌和小片蚌暂养

在水温20℃左右时，将自繁自用的蚌暂养10天，外地买进的蚌暂养30天，以蚌体养肥为准。用网袋或网箱吊养，暂养密度每亩不超过2万只。在手术操作之前将吊养在水域中的手术蚌根据每天的工作量捞起，洗去壳上的污泥脏物，然后根据小片蚌和育珠蚌的不同要求进行分类选择，一般将外形较整齐、个体相对大、便于手术操作的蚌用作育珠蚌，其余的蚌用作小片蚌。

4. 制备小片

小片是产生珍珠囊的物质基础，制片操作要轻快，采用撕膜法较好，操作程序为：剖蚌→去污→开膜→取下外表皮→洗去黏液污物→切去色线→修边→切片。取出制片蚌，用解剖刀插入蚌体，切断前、后闭壳肌及韧带，将壳左右分开，注意不要损伤外套膜边缘膜，使外套膜完整地黏附在蚌壳上，用浸湿的海绵轻轻擦去边缘膜上的污物，然后将外套膜内外表皮分开，把外表皮的正面

（贴壳一侧的珍珠分泌面）朝上，反面（结缔组织面）朝下，平展在玻璃板上，用切片刀修整使之厚薄均匀、形状整齐，尤其是切除边缘膜有色边缘和残留在边缘膜内侧的外套膜肌。切片规格以 3～4 毫米^2 为佳。一经切好，就要用滴管滴上生理盐水，并要防止阳光直射，防止小片干燥，小片不能放久，否则失水严重，影响细胞活力，难与育珠蚌的外套膜结缔组织愈合，一般要求从制片开始到插入育珠蚌外套膜整个过程在 5 分钟内完成。

5. 插片操作

小片制好后要尽快插入育珠蚌的外套膜中，使小片的结缔组织与育珠蚌外套膜的结缔组织愈合，形成珍珠囊，分泌珍珠质而形成珍珠。操作过程包括选蚌→开壳→加塞→挑片→创口→插片→整圆→去塞。首先把选好的育珠蚌放在大小适宜的手术架上，用开壳器轻轻插入育珠蚌的两壳之间，撑开双壳，根据蚌体大小放入不同宽度的 U 形塞子（开口的大小以不损伤闭壳肌为宜，一般距离为 0.7～0.8 厘米），再用手术针把鳃和内脏团拨向一侧，然后一手拿钩针，另一手拿送片针，用钩针把小片拨向送片针的顶端，使小片呈袋状并使外表皮包在里面，一次挑起，接着用钩针在育珠蚌外套膜上横向开口，紧跟钩针，把小片一次送入，伤口深 5～7 毫米，钩针离开伤口后，随即在伤口旁边轻轻一拉，既防止吐片又起到了整圆的作用，这样插片即完成，再插另一面小片，插好片立即在创口滴加消毒液消毒，然后拔掉固口塞子。插片部位以外套膜中央膜的中后部、鳃能遮盖的地方为好，但不能超过蚌体长的 1/2。插片要从后端到中部，从边缘到中心，创口与小片间隔排列呈“品”字形。创口大小以能使细胞小片插入为宜。插片数量按蚌体大小而定，通常每蚌以 32 片为宜。每只蚌插片应在 5 分钟内完成。插片后，育珠蚌立即放入清水中暂养，水质应符合 NY 5051《无公害食品　淡水养殖用水水质》的规定。

（二）有核珍珠手术操作

有核珍珠手术操作时间和水温与无核珍珠手术操作相同，育珠蚌应该选择壳长为 13～15 厘米的 2 龄三角帆蚌“申浙 3 号”作为育珠蚌，供片蚌仍为 1 龄三角帆蚌“申浙 3 号”，小片的制备与无核珍珠手术工艺相同，切割成近 3 毫米^2 的正方形小块，有核珍珠手术操作与无核珍珠手术操作的主要区别在插片操作环节。

有核珍珠手术操作需将珠核和细胞小片同时插入到斧足和内脏团结合处。首先，将育珠蚌置入楔形固定台上，利用开壳器轻轻打开蚌壳 2～3 厘米后加固定器，右手持创口刀，在斧足长一半处开口，平直向左插入 5～6 厘米至斧足和内脏团结合处，抽出创口刀，右手换持送核针，穿上珠核，从正中间穿上在玻璃板准备好的细胞小片，左手持弯头针辅助穿起珠核和细胞小片。然后，用弯头针挑开创口，将紧贴有细胞小片的珠核植入到内脏团，用弯头针按住珠核拔出送核针，再用弯头针抚平伤口，滴加适量的金霉素消毒液。最后，拔掉U形塞，把蚌放入流水小池中暂养。

四、健康养殖技术

（一）健康养殖（生态养殖）模式和配套技术

淡水珍珠蚌-鱼混养模式是目前主推的生态养殖模式，其配套养殖技术要求如下。

1. 水域条件和底质条件

水源充足，水源水质应符合《渔业水质标准》的要求。单口养殖池塘面积宜45亩以上，或集中连片池塘面积90亩以上，常年水深2～3米。底质应符合《无公害农产品　淡水养殖产地环境条件》的要求，以黏土为佳，水底淤泥厚度以10～20厘米为宜。

2. 蚌、鱼放养密度

吊养1龄珍珠蚌密度宜1 200～1 500只/亩，2龄珍珠蚌密度宜800～1 000只/亩，3龄及以上珍珠蚌密度以不超过600只/亩为宜。混养鱼类以草鱼、鲂、鲤、鲫等杂食性鱼类和鲢、鳙等滤食性鱼类为宜，根据放养种类，合理搭配比例、规格及数量，鲢、鳙放养量不宜过大，鱼年产量宜控制在500～750千克/亩。

3. 水质管理

根据水质状况，施用生石灰等水质调节剂或采取补水等方法调节水质。用生石灰调节水质时宜每月1次，生长旺季每月增加1次，用量10～15千克/亩，化浆后全池均匀泼洒。补水调节水质时宜根据水的蒸发量和流失量及时补水。养殖水体水质应符合表1的要求。

表1　养殖水体水质指标

项目	指标要求
溶解氧	＞5毫克/升
氨氮	＜0.025毫克/升
pH	7～9
钙	≥18毫克/升
水色	黄绿色或褐绿色
透明度	25～40厘米

4. 饲养管理

养殖鱼类巡塘检查、水质监测、饲料投喂等日常管理应符合相应的鱼类养殖技术规范。珍珠蚌吊养、吊养深度调节、设施检查、珍珠蚌检查及清除污物等饲养管理应符合《淡水无核珍珠养殖技术规程》的要求。根据珍珠蚌不同生长阶段、个体差异情况及时分笼分级，适当降低饲养密度。

（二）主要病害防治方法

1. 蚌瘟病

【病因】尚不十分明确，此病可与嗜水气单胞菌形成混合感染或相继感染。

【症状】排水孔与进水孔纤毛收缩，鳃有轻度溃烂，外套膜有轻度剥落，肠道壁水肿，晶杆萎缩或消失。

【流行情况】本病发生在夏秋两季，以春夏之交及秋末死亡较多。

【防治方法】聚维酮碘溶液或漂白粉全池泼洒。

2. 烂鳃病

【病因】因鳃受伤而继发细菌感染。

【症状】鳃丝肿大，发白或发黑糜烂，残缺不一，附有泥沙污物，有大量黏液；闭壳肌松弛，两壳张开后无力闭合。

【防治方法】漂白粉挂袋水体消毒，或全池泼洒。

3. 烂斧足病

【病因】由细菌、寄生虫或鱼类等吞噬引起。

【症状】斧足边缘有锯齿状缺刻和严重溃疡，组织缺乏弹性，呈肉红色，常有萎缩，并有大量黏液。

【防治方法】漂白粉挂袋水体消毒，或全池泼洒。

五、育种和种苗供应单位

（一）育种单位

1. 上海海洋大学

地址和邮编：上海市浦东新区沪城环路 999 号，201306

联系人：白志毅

电话：021－61900438

2. 金华市浙星珍珠商贸有限公司

地址和邮编：浙江省金华市迪耳路 449 号，321001

联系人：叶伟星

电话：0579－89128988

3. 武义伟民水产养殖有限公司

地址和邮编：浙江省武义县王宅镇罗桥村，321200

联系人：陈卫民

电话：13566937338

（二）种苗供应单位

上海海洋大学

地址和邮编：上海市浦东新区沪城环路999号，201306

联系人：白志毅

电话：021－61900438

六、编写人员名单

李家乐，白志毅，叶伟星，冯建彬，王正，陈卫民等

菲律宾蛤仔“斑马蛤2号”

一、品种概况

（一）培育背景

菲律宾蛤仔（*Ruditapes philippinarum*）（以下简称蛤仔），原产于太平洋及印度洋沿岸，后被引入北美和欧洲，已成为世界性养殖贝类，也是我国四大养殖贝类之一和单种产量最高的养殖贝类。我国蛤仔年产量约 300 万吨，占世界产量 90%以上。但目前养殖的蛤仔多为野生或野生到家化的过渡群体，基因型不稳定，对环境变化（如极端气候和水质条件剧烈变化）适应性差，易受病原体侵袭而出现暴发性死亡，导致养殖效益下降及产业风险增加。鉴于此，培育优质抗逆蛤仔良种是产业健康可持续发展的保障。

21 世纪初，为适应产业发展需要和市场需求，育种单位开展了菲律宾蛤仔遗传育种研究工作，先后培育了具有优良性状的蛤仔新品种“斑马蛤”（GS-01-006-2014）和“白斑马蛤”（GS-01-009-2016）。2011 年课题组从辽宁大连石河野生群体中挑选 600 只个体作为基础群体，以壳色和生长速度为目标性状，采用群体选育技术，育成“斑马蛤 2 号”新品种。“斑马蛤 2 号”贝壳为暗灰底色、斑马状花纹。在相同养殖条件下，与未经选育的菲律宾蛤仔相比，12 月龄贝壳长提高 10.56%，全湿重提高 19.46%；与菲律宾蛤仔“斑马蛤”相比，生长速度无显著差异，能在北方滩涂和浅海安全越冬。新品种适宜在辽宁、山东和江苏等沿海人工可控的海水水体中养殖。

（二）育种过程

1. 亲本来源

2011 年 5 月在大连石河（东经 121.81°，北纬 39.05°）采集野生群体蛤仔，从中挑选壳形规整、壳面具有斑马纹的蛤仔（在天然群体仅占 0.2%）600 只作为基础群体。

2. 技术路线

选育技术路线如图 1 所示。

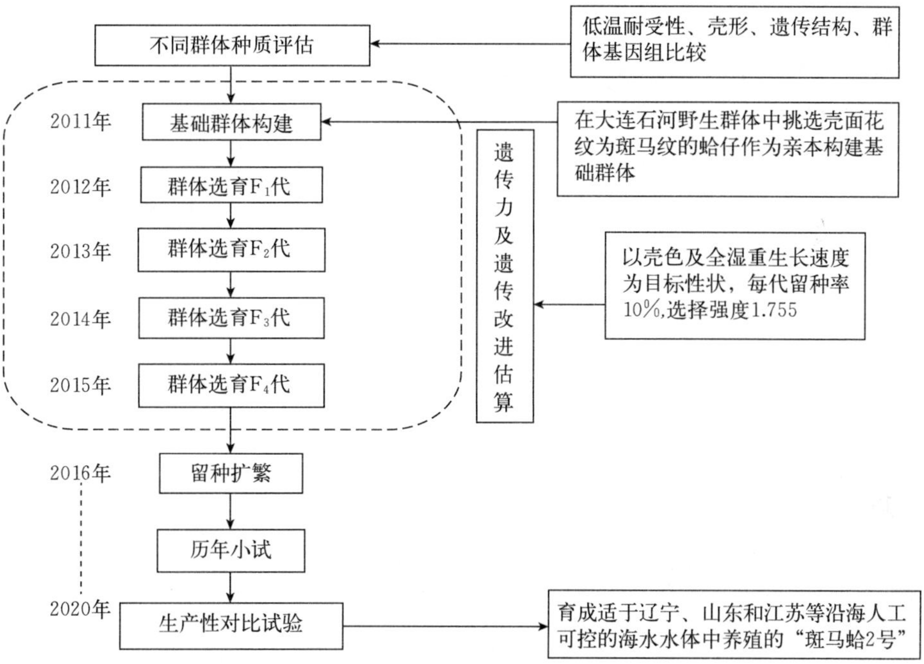

图1　菲律宾蛤仔“斑马蛤2号”选育技术路线

3. 培（选）育过程

2012年5月至2015年12月，采用群体选育技术，每代选留10 000粒，以壳色和生长速度为目标性状，逐代上选，留种率为10%，选择强度为1.755，每代从1龄性成熟开始选育，共进行连续4代的群体选育，育成“斑马蛤2号”。

（1）第一代选育群体　2012年5月，从上一代10 000粒基础群体中选留1 000粒作为亲本，留种率为10%，选择强度1.755。培育至12月龄时壳长为（19.13±1.84）毫米，全湿重为（1.27±0.09）克。与上一代群体比较，成贝壳长提高5.12%，变异系数为9.62%；全湿重提高19.69%，变异系数为7.09%。

（2）第二代选育群体　2013年5月，从上一代10 000粒群体中选留1 000粒作为亲本，留种率为10%，选择强度1.755。培育至12月龄时壳长为（20.81±0.84）毫米，全湿重为（1.73±0.13）克。与上一代群体比较，成贝壳长提高8.31%，变异系数为4.04%；全湿重提高11.56%，变异系数为7.51%。

（3）第三代选育群体　2014年5月，从上一代10 000粒群体中选留1 000粒作为亲本，留种率为10%，选择强度1.755。培育至12月龄时壳长为（21.49±1.37）毫米，全湿重为（1.80±0.12）克。与上一代群体比较，成贝壳长提高5.44%，变异系数为6.38%；全湿重提高10.00%，变异系数为6.67%。

(4) 第四代选育群体　2015年5月，从上一代10 000粒群体中选留1 000粒作为亲本，留种率为10%，选择强度1.755。培育至12月龄时壳长为(22.62±1.99)毫米，全湿重为(2.12±0.14)克。与上一代群体比较，成贝壳长提高6.41%，变异系数为8.80%；全湿重提高14.15%，变异系数为6.60%。

(三) 品种特性和中试情况

1. 品种特性

菲律宾蛤仔"斑马蛤2号"壳面花纹为斑马纹，具有生长快、低温耐受性强的特点，在北方滩涂和水深<3米的浅海能安全越冬。

2. 中试情况

2016—2020年，在辽宁、山东、江苏进行池塘、滩涂、浅海、浮筏4种模式的养殖小试，并在辽宁养殖区2个试验点（盘锦二界沟池塘和丹东东港滩涂及浅海）和天津养殖区2个试验点（天津大港池塘和天津汉沽大神堂南部浅海），连续2年开展"斑马蛤2号"与当地养殖群体完整周期的生产性对比试验，累计试验面积2 226亩。试验结果表明，"斑马蛤2号"壳面花纹性状能够稳定遗传，与未经选育的菲律宾蛤仔相比，壳长及全湿重生长速度分别提高10.56%和19.46%；养殖成活率提高16.25%以上，平均出肉率提高37.84%；低温耐受性强，在北方滩涂和水深<3米的浅海能够安全越冬，增产效果明显。

二、人工繁殖技术

(一) 亲本选择与培育

1. 亲本来源

亲贝应选择经过海区或池塘培育的1龄以上、外观规整、无破损和畸形的个体。

2. 培育方法

室内常温育苗时，在繁殖期到来之前，对亲贝进行挑选，定期解剖观察，当个别亲贝精子活跃时，移到室内继续暂养3～5天。暂养期间可不投饵。

室内控温育苗时，亲贝要提前促熟。可用锅炉升温，也可用其他方法。入池后把亲贝装于扇贝笼或网箱中吊养，也可装在网袋中平放于池底，密度5千克/米^{3}左右。每天全量换水2次，拣出死贝，清理池底粪便和污物。投饵以新月菱形藻、三角褐指藻等硅藻为主，辅以小球藻；代用饵料为螺旋藻粉、蛋黄等。每天投喂2～6次，单胞藻投喂量以3小时左右吃完为宜。24小时连续充气。亲贝入池后需在自然水温条件下暂养3～5天后开始升温。升温幅度和促熟时间根据性腺发育程度而定。一般日升温1℃，当水温升至17～19℃时不再升温。经30天左右，性腺可以发育成熟。

（二）人工繁殖

“斑马蛤2号”可用阴干8小时、升温3～5℃、流水刺激等方法进行催产。受精卵孵化密度为30～50个/毫升，孵化时间根据水温不同为16～26小时，担轮幼虫一般在受精后5小时出现。孵化期间微量充气。选育前1小时停气，用300目筛绢选育。

（三）苗种培育

1. 幼虫培育

在我国北方进行室内人工苗种繁育时，“斑马蛤2号”D形幼虫培育密度5～10个/毫升，下潜之前调整为2～4个/毫升。在我国南方进行室内人工培育时，“斑马蛤2号”D形幼虫培育密度15～20个/毫升，下潜之前8～10个/毫升，附苗量800万～900万个/米^2。培育期间微充气，每天换水2次，每次1/2。每3天倒池1次。幼虫饵料以金藻为主，搭配少量海洋酵母，第1天投喂1次，第2天投喂2次，以后每天投喂4次，幼虫培育期间最低投饵量0.5万细胞/(毫升·天)，最高投饵量2万细胞/(毫升·天)。随着幼虫生长，要及时更换换水网箱，调整幼虫密度，换水网箱由300目逐渐过渡到120目。

2. 稚贝培育

采苗方法为无泥沙采苗。从匍匐幼虫到完成变态（指出现次生壳）需4～8天，出现次生壳时，“斑马蛤2号”壳长为230微米左右。稚贝变态后，疏散4～5倍，经20～30天的培育，当壳长达600微米、规格达1000万粒/千克时，移到室外池塘进行中间育成，密度3.5万～5.0万个/米^2；再经20～30天培育规格达40万粒/千克，甚至更小规格时，移到海区或异地继续培育至底播规格。室外存活率70%以上。

技术要点：①配备养殖水体3～4倍的饵料水体；②池塘底部铺设塑料薄膜；③池塘增设增氧设施。

三、健康养殖技术

（一）健康养殖（生态养殖）模式和配套技术

“斑马蛤2号”养殖模式主要有浅海底播养殖、滩涂养殖、海水池塘养殖、浅海浮筏养殖。

1. 浅海底播养殖

（1）环境要求 无工业污染，底质以沙泥底或泥沙底为宜；海水比重为1.015～1.025，盐度20～33，水温2～35℃；年均饵料丰度高于3万细胞/升，优势种为硅藻。

（2）苗种要求 “斑马蛤2号”苗种为室内人工繁育或垦区人工繁育后经中间育成培育的苗种。干法运输，装卸避开中午高温时间，运输途中严防曝晒、雨淋、风吹、机械损伤。运输温度为4～8℃，运输时间不宜超过60小时。

（3）养殖方法 可在每年4—5月或9—10月放养苗种，水温10℃以上为宜，避开潮汐流速最大的时段。春季放养规格为6 000～10 000粒/千克，放养密度为1 500～2 000粒/米^2；秋季放养规格为240～300粒/千克，放养密度为200～600粒/米^2。放养在水深小于30米的浅海。运苗船通过导航定位至放养区域，采用干法放苗，均匀播撒。

（4）养殖管理 6—7月，使用规格为4米×1.5米×0.6米、电机功率为15～36千瓦的潜水拖耙网集中清除广大扁玉螺、香螺、多棘海盘车等敌害生物。定期检测水中pH、溶解氧、化学需氧量（COD）、盐度、氨氮、活性磷酸盐、重金属、石油烃、大肠菌群和贝类毒素等，测定方法符合NY 5362规定的要求。养殖期内定期测定蛤仔生长、存活数据，做好生产记录。

（5）收获 蛤仔规格达80～160粒/千克即可收获。商品蛤用渔船拖网采捕。

2. 滩涂养殖

（1）环境要求 地势平坦，无工业污染。底质为沙泥底，海流畅通，海流流速20～100厘米/秒。盐度为25～33，冬季温度为−2.7℃以上，日温差小于10℃。浮游植物以硅藻门种类为优势种。

（2）苗种要求 “斑马蛤2号”耐低温能力强，在滩涂上可安全越冬。春季投苗时，苗种壳长为0.7厘米以上，规格14 000～16 000粒/千克，放养密度控制在1 500～2 000粒/米^2；9—10月池塘培育至壳长为2.5厘米以上、规格为400粒/千克以下的大规格苗种，放养密度为200～600粒/米^2。

（3）养殖管理 春、夏季集中清除广大扁玉螺、香螺、多棘海盘车等敌害生物，定期检测水中pH、溶解氧、COD、盐度、氨氮、活性磷酸盐、重金属、石油烃、大肠菌群和贝类毒素等，养殖期内定期测定蛤仔生长、存活数据，做好生产记录。

（4）养殖收获 在辽宁黄渤海滩涂经过9～10个月养殖，翌年7月蛤仔达到120～160粒/千克的商品规格，即可采捕收获；在黄海苏北海域潮间带滩涂经过7～8个月养殖，翌年5月蛤仔达到120～160粒/千克商品规格，即可采捕收获。

3. 池塘养殖

在我国北方，利用养殖生物生态位的不同和互补进行蛤仔-海蜇-虾混养。

4月底至5月初，放养规格为20 000粒/千克（壳长6.6毫米）的蛤仔苗种300～500粒/米^2，规格为2.5～3.0厘米的海蜇苗种300～500个/亩，中国对虾或斑节对虾苗种1 500～2 000尾/亩。10月底收获蛤仔300千克/亩，效益约2 000元/亩；海蜇产量200～300千克/亩，规格2.5千克/个，价格12元/千克，效益2 500～3 000元/亩；对虾规格16～20个/千克，价格120～160元/千克，产量15～20千克/亩，效益2 000～3 000元/亩；总效益6 500～8 000元/亩。

4. 浅海筏式养殖

浅海筏式养殖是采用网袋或扇贝笼等将蛤仔“斑马蛤2号”吊养在浮筏上的一种养殖方式。

（1）养殖海区　盐度20～33，水温0～28℃，pH 8.0～8.5；叶绿素含量为3.92～5.14微克/升，优势种以硅藻门种类为主；海流畅通，海流流速20～100厘米/秒；地势平坦，无工业污染。

（2）养殖苗种　春季苗种为在南方室内人工繁育，经过中间育成的壳长达0.7厘米以上、规格14 000～16 000粒/千克的苗种；秋季苗种为在南方室内人工繁育和中间培育，4—5月壳长达6.6毫米（20 000粒/千克），经北方池塘培育至10月底，壳长大于2.5厘米，规格为400粒/千克左右的大规格苗种。

（3）养殖浮筏设置　筏架采取垂直法设置，延绳式吊漂法，行距15～20米。浮梗采用直径20～30毫米的聚乙烯绳，每根梗绳100～150米（加木橛腿），有效挂笼长度80～100米。

（4）养殖密度　将“斑马蛤2号”秋季苗种装入塑料网笼中，养殖密度为150～200粒/层，每笼18～25层。将塑料网笼吊挂于设置好的海区浮筏，每台筏悬挂60～100个塑料网笼。

（5）养殖管理　养殖过程中随着附泥及附着物增多和苗种的体重增加，及时增加浮漂以防筏架下沉。同时，养殖过程中应视养殖塑料笼附着物附着情况，对笼内外的附着物进行清理，必要时更换养殖笼。

（6）养殖收获　经过12个月筏式养殖，翌年9—10月“斑马蛤2号”规格达到80～160粒/千克商品规格，即可采捕收获。

（7）优点　① 存活率高：在塑料笼中可以避免敌害捕食，全年养殖成活率达90%以上；② 与底播蛤仔相比，筏养肥满度高；③ 收获方便；④ 自然净化：养殖产品不含沙，无近岸重金属等污染；⑤ 壳色靓丽。

（二）主要病害防治方法

1. 弧菌病

病原为一种弧菌，简称 VTP。该细菌在海水中存活时间很短，但其密度达 0.2 个/毫升时即可发病。虽然成体中也可检测到该菌的存在，但并不发病，该病主要危害浮游幼虫和稚贝。在苗种繁育过程中，使用 4～8 毫克/升大蒜汁全池泼洒具有很好的防治效果。

2. 帕金虫病

帕金虫（*Perkinsus marinus*）大量繁生能够破坏宿主的防御系统，造成宿主死亡。黄海海域蛤仔近些年的大批死亡与帕金虫有关。目前帕金虫病尚无有效的防治方法，根据其生态特点可考虑通过降低养殖密度、换区养殖、改变水温和盐度等加以控制。

3. 复殖吸虫病

复殖吸虫大多寄生在蛤仔宿主的生殖腺中，轻者造成生殖腺严重破坏，影响生殖和产品品质，重者甚至可直接导致蛤仔的大规模死亡。目前复殖吸虫病尚无有效的防治方法，通过降低养殖密度以及对亲贝进行检验、检疫可加以预防控制。

4. 敌害

养成期主要敌害有虾蟹、螺类（包括脉红螺、扁玉螺、泥螺等）、海葵、海星、鱼类（主要有虾虎鱼和鲽科鱼类）、鸟类（主要是海鸥和海鸭）等。海区养成阶段的敌害主要采用人工清除法。

四、育种和种苗供应单位

（一）育种单位

1. 大连海洋大学

地址和邮编：大连市沙河口区黑石礁街 52 号，116023

联系人：闫喜武，霍忠明

电话：13941127018，18525337019

2. 中国科学院海洋研究所

地址和邮编：山东省青岛市南海路 7 号，266071

联系人：张国范

电话：13953229980

（二）种苗供应单位

大连海洋大学
地址和邮编：大连市沙河口区黑石礁街 52 号，116023
联系人：闫喜武，霍忠明
电话：13941127018

五、编写人员名单

闫喜武，霍忠明

皱纹盘鲍“寻山1号”

一、品种概况

皱纹盘鲍
“寻山 1 号”

（一）培育背景

我国是世界上最大的鲍养殖国，鲍养殖活动起源于 20 世纪 60 年代末，养殖产量呈现逐年递增趋势，尤其在 2000 年以后全国鲍年养殖产量增长迅速，至 2019 年，我国鲍年养殖总产量达 18.03 万吨。同时，我国鲍养殖业已经形成了完整的产业链条，养殖量的增加也带动了设施设备、冷链运输、食品加工等其他配套产业的发展。

种业是养殖产业发展的基石。然而，在皱纹盘鲍养殖业迅速发展、养殖集约化程度日益提高的同时，近交严重、种质退化以及遗传多样性丧失等问题也日益严峻，尤其是北方鲍养殖业的发展对鲍新品种的需求十分迫切，主要表现在以下几方面：一是南北接力养殖模式的发展，规避了北方冬季低温的恶劣条件，延长了鲍的生长适温期，但高昂的运输成本让许多小规模养殖户难以承担而慢慢停产倒闭。以山东威海地区为例，20 世纪初鲍育苗单位有 50 多家，目前仅存 5 家。同时，随着南方鲍的引入，北方鲍的养殖规模日益萎缩，据统计，2019 年北方鲍苗种量约为 3.15 亿粒，仅为 2007 年的 55%。二是“北鲍南养”在提高鲍生长速率的同时，引起北方鲍种质出现耐低温能力降低、成活率低等退化趋势，不再适宜北方周年养殖。三是随着含外源基因的杂交鲍养殖比例增加，已严重影响北方鲍的原种良种群体，亟待加强原良种种质资源保护，留存本土野生皱纹盘鲍种群资源。四是北方周年养殖的皱纹盘鲍生长速度慢，营养物质积累相对较多，富含多种有益微量元素，市场潜力巨大，能够满足高档健康鲍市场的需求。

因此，培育生长速度快、耐低温性状优良、存活率高的鲍新品种，既可满足北方鲍产业对新品种的需求，也是对目前鲍养殖品种的有益补充，对于重振我国北方鲍养殖业，实现南北双赢，促进全国鲍产业的持续、健康、稳定发展具有重要的现实意义。

（二）育种过程

1. 亲本来源

皱纹盘鲍“寻山 1 号”是采用群体选育技术培育的鲍新品种，该品种以山东省荣成市桑沟湾和爱莲湾皱纹盘鲍野生群体为基础群体。

2. 技术路线

技术路线如图 1 所示。

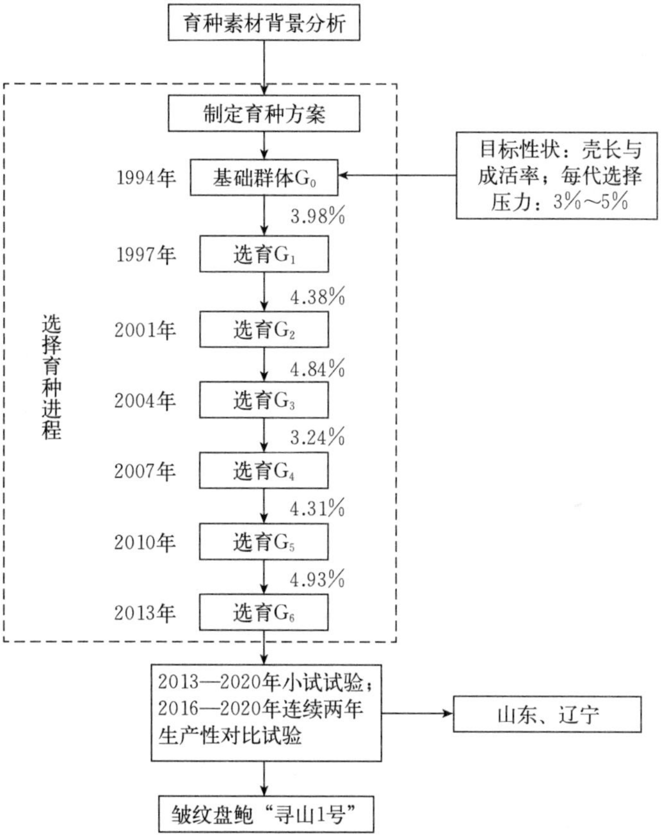

图 1　皱纹盘鲍“寻山 1 号”选育技术路线

3. 选育过程

自 1994 年起，在北方周年养殖条件下，以壳长作为主要目标性状，采用群体选育的方法进行皱纹盘鲍“寻山 1 号”新品种的选育。经过连续 6 代的闭锁群体选育和多年的中试对比试验，最终育成生长性状优良的皱纹盘鲍“寻山 1 号”新品种。具体的选育过程如下。

（1）基础群体构建　1994 年，从桑沟湾和爱莲湾皱纹盘鲍野生群体中挑选体质健壮的大规格个体 1 万余头作为基础群体，经繁育构建了皱纹盘鲍“寻山 1 号”基础选育群体（G_0）。

（2）第 1～6 代群体选育　1997—2013 年，在上一代选育群体的基础上，以壳长为选育指标，按照 3%～5%的选择压力，挑选肥满度好、生长速度快的 354～1 030 头种鲍作为选育亲本。经过连续 6 代选育，2013 年培育出 G_6 选育群体。

（3）小试对比试验　2013—2020 年，进行皱纹盘鲍“寻山 1 号”新品种小试对比试验，结果表明，该选育群体在北方周年养殖条件下的生长性状表现优良，其壳长提高 15%以上，存活率提高 10%以上，生产性能优势明显，证实了其性状的稳定性和生产应用性。

（4）生产性对比养殖试验　2016—2020 年，皱纹盘鲍“寻山 1 号”新品种进行生产性对比养殖试验，结果表明，在北方周年养殖条件下，皱纹盘鲍“寻山 1 号”相比对照组经济效益显著，进一步证实了其性状的稳定性和较高的生产应用性。

（三）品种特性和中试情况

1. 品种特征和优良性状

（1）形态特征　贝壳中等大，坚实，椭圆形，长宽比为（1.43～1.61）∶1；体螺层极大，上有 1 列突起和小孔，壳面被这列突起和小孔分成左右两部分。左部狭长且平滑；右部宽大、粗糙，有多数瘤状或波状隆起。壳表面呈绿褐色，生长纹明显，壳内面呈银白色且具有珍珠光泽。螺层 3 层，呼吸孔 4～5 个。壳长与体重关系式：$W=0.189\,8\times L^{2.771\,6}$（式中，$W$ 表示体重，L 表示壳长）。皱纹盘鲍“寻山 1 号”形态如图 2 所示。

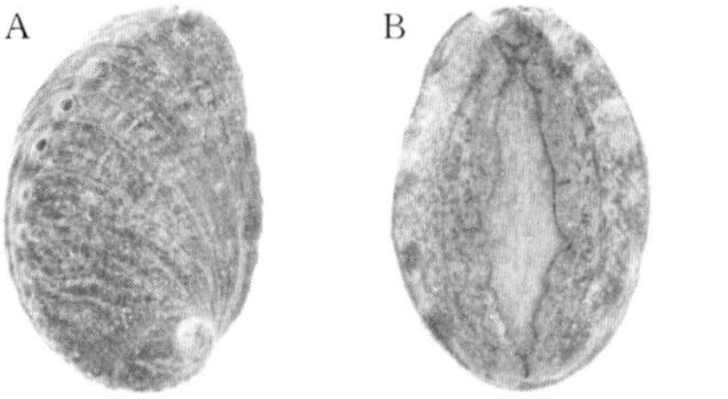

图 2　皱纹盘鲍“寻山 1 号”形态
A. 背面形态　B. 正面形态

（2）优良性状　皱纹盘鲍“寻山 1 号”新品种，具有在低温条件下生长速度快、存活率高等优良特性，在我国北方周年养殖情况下，与未经选育的皱纹盘鲍相比，养殖收获时壳长提高 15%以上，存活率提高 10%以上。

2. 中试情况

（1）分别于 2016 年、2017 年与辽宁省大连市的大连海洋岛水产集团股份有限公司合作，在海洋岛周边海域开展连续 2 年生产性对比养殖试验，养殖试验的皱纹盘鲍“寻山1号”和对照组均在北方海域周年养殖，采用筏式单养养殖模式。2年累计养殖皱纹盘鲍“寻山1号”新品种240万粒，取得了良好的生产性对比养殖效果。新品种在生产性状方面显著优于同期同法养殖的普通商品苗种对照组。根据抽样测试，2017年，皱纹盘鲍“寻山1号”壳长、体重和存活率分别比普通皱纹盘鲍提高18.00%、63.51%和14.56%；2018年，皱纹盘鲍“寻山1号”壳长、体重和存活率分别比普通皱纹盘鲍提高17.92%、62.17%和14.71%。

（2）分别于2016年、2017年与辽宁省大连市的大连佳泽海珍品育苗场合作，在辽宁省大连市金州区徐家村周边海域进行了皱纹盘鲍“寻山1号”的连续2年生产性对比养殖试验，养殖试验的皱纹盘鲍“寻山1号”和对照组生产鲍均在北方海域周年养殖，采用筏式单养养殖模式。2年累计养殖皱纹盘鲍“寻山1号”新品种200万粒，取得了良好的生产性对比养殖效果。根据抽样测试，2017年，皱纹盘鲍“寻山1号”壳长、体重和存活率分别比普通皱纹盘鲍提高20.44%、70.73%和15.18%；2018年，皱纹盘鲍“寻山1号”壳长、体重和存活率分别比普通皱纹盘鲍提高17.97%、61.28%和16.38%。

（3）分别于2016年、2017年与山东省青岛市的青岛金海富源海洋实业有限公司合作，在青岛崂山区王哥庄附近海域进行了皱纹盘鲍“寻山1号”的连续2年生产性对比养殖试验，养殖试验的皱纹盘鲍“寻山1号”和对照组生产鲍均在北方海域周年养殖，采用底播单养养殖模式。2年累计养殖皱纹盘鲍“寻山1号”新品种120万粒，取得了良好的生产性对比养殖效果。根据抽样测试，2018年，皱纹盘鲍“寻山1号”壳长、体重和存活率分别比普通皱纹盘鲍提高17.32%、55.81%和15.13%；2019年，皱纹盘鲍“寻山1号”壳长、体重和存活率分别比普通皱纹盘鲍提高19.80%、72.16%和16.33%。

（4）分别于2017年、2018年与山东省青岛市的青岛海贝利水产有限公司崂山分公司合作，在青岛崂山沙子口附近海域开展连续2两年生产性对比养殖试验，养殖的皱纹盘鲍“寻山1号”和对照组生产鲍均在北方海域进行周年养殖，采用围堰单养养殖模式。2年累计养殖皱纹盘鲍“寻山1号”新品种20万粒，取得了良好的生产性对比养殖效果。新品种在生产性状方面显著优于同期同法养殖的普通商品苗种对照组。根据抽样测试，2018年，皱纹盘鲍“寻山1号”壳长、体重和存活率分别比普通皱纹盘鲍提高16.79%、58.97%和17.55%；2019年，皱纹盘鲍“寻山1号”壳长、体重和存活率分别比普通皱纹盘鲍提高16.66%、51.45%和18.92%。

二、人工繁育技术

（一）亲鲍选择与饲育

1. 亲鲍选择

亲本源自皱纹盘鲍“寻山 1 号”新品种良种保护基地。选择 2～3 龄，壳长 8～9 厘米，壳完整、无畸形、活力强，软体部肥满、无机械损伤、生长优势明显，且遗传背景清楚的健康个体作为亲鲍。

2. 亲鲍饲育

皱纹盘鲍“寻山 1 号”在北方的繁殖季节为每年的 3—5 月。亲鲍一般采用工厂化水泥池蓄养方式，亲鲍入池时间为 11 月，培育密度为 60～80 个/$米^3$。亲鲍入池后，先用自然温度的海水稳定饲育 5 天左右，再以 0.5～1 ℃/天的梯度将水温升至 20 ℃，然后保持恒温培育，当生物学有效积温达到 1 000～1 200 ℃时，性腺成熟。亲鲍饲育条件如图 3 所示。

图 3 亲鲍饲育池

（二）人工繁殖

1. 催产与人工授精

选择性腺发育好的亲鲍，先阴干刺激 1～1.5 小时，然后将雌鲍和雄鲍分别放入水槽中，用 24 ℃高温海水，流水刺激 1～1.5 小时，再加入 22 ℃经紫外线照射的海水，静置 1～2 小时，即可产卵、排精。

卵子产出 1 小时内，及时进行人工授精。授精时，水中精子密度 20 万～30 万个/毫升为宜。

亲鲍诱导催产过程及采卵排精示例如图 4、图 5 所示。

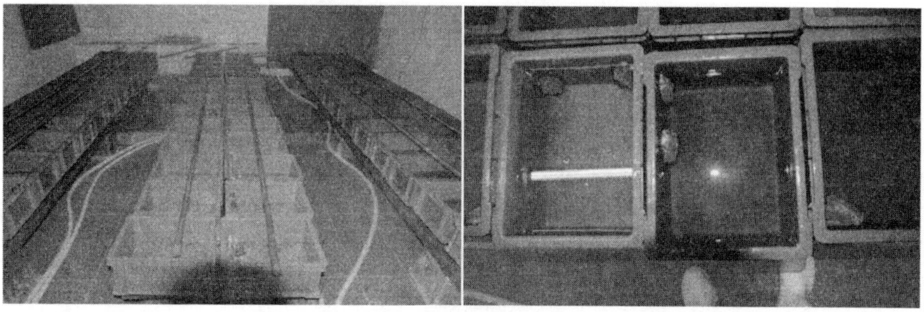

图 4　诱导催产

图 5　亲鲍产卵、排精

2. 孵化和幼体培育

卵子受精后，每间隔 40 分钟左右用 22 ℃海水洗卵 1 次，连续洗卵 8～10 次。受精卵历经 12 小时左右的胚胎发育，进入单轮期营浮游生活。此时，应收集浮游在上层的幼虫，以每毫升 10～20 个幼虫的密度培育。

幼虫选育后每隔 4 小时换水 1 次，历经 40 小时左右的培育，发育至后期面盘幼虫，此时应将幼虫投放到车间培育池。

胚胎发育期关键节点照片如图 6、图 7 所示。

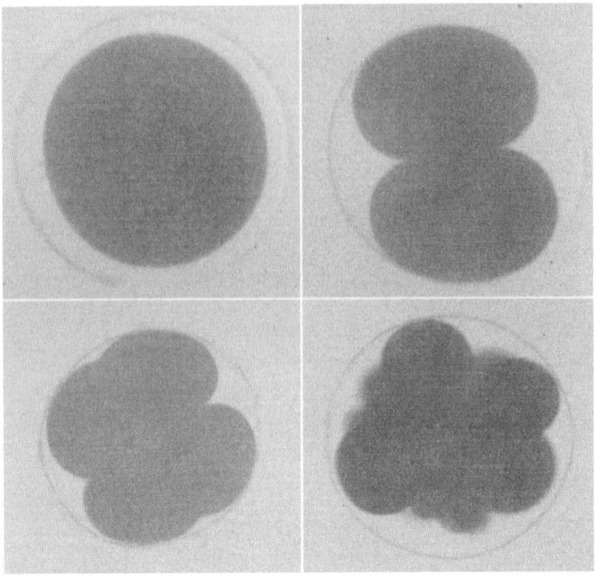

图6　胚胎发育前期

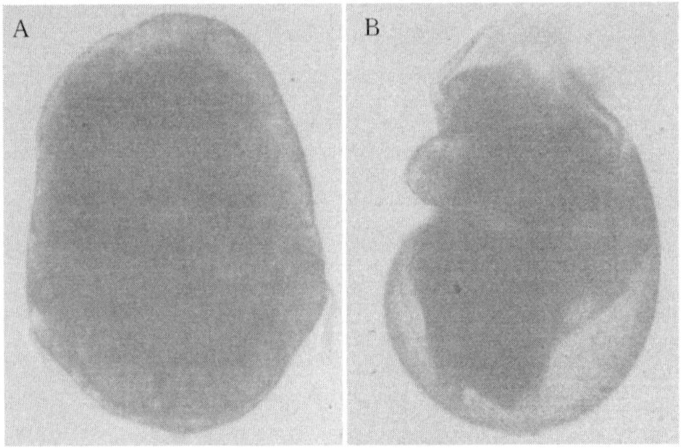

图7　胚胎发育后期

A. 担轮幼虫　B. 后期面盘幼虫

（三）稚鲍培育

1. 培育池

推荐培育池规格：池长9米，宽0.9米，平均池高0.55米，坡比1%左右，设有进水口、溢水口和排污口，并配有充气装置。

2. 底栖硅藻培养

（1）藻种选择　选择自然海区生长的底栖硅藻，以小舟形藻、卵形藻和菱形藻为宜。

（2）采苗器　采苗器由采苗筐与采苗板组成。采苗筐为聚乙烯注塑产品，规格为上口尺寸420毫米×390毫米，底口尺寸350毫米×200毫米，筐高290毫米；采苗板为50丝PVC透明板压塑产品，规格为400毫米×300毫米。

（3）藻种培养　底栖硅藻接种后，光照强度控制在3 000～6 000勒克斯；每2天采用流水方式换水1次，换水量30%左右；每7天倒池1次；每次换水或倒池后应及时投施营养盐，一般施入浓度为氮20毫克/升、磷2毫克/升、硅2毫克/升、铁0.2毫克/升。培养30天左右板面呈黄褐色时，即可使用。底栖硅藻附着生长于采苗器示例如图8所示。

图8　底栖硅藻培养

3. 稚鲍培育

（1）稚鲍培育期　幼虫投放时，需根据硅藻的长势和车间的光照条件来确定投苗密度，一般以每个采苗器投放17 000～20 000个幼虫为宜。幼虫附着后，保持全时段充气；每天采用流水方式换水3～4次，每次换水量20%～30%；酌情增加光照；适当补充营养盐，维持底栖硅藻正常生长。稚鲍在采苗器上培育期间的示例如图9所示。

图9　稚鲍培育期

(2) 稚鲍饲育期

附着基（图10）：为黏土构件制品，规格为长35厘米、宽20厘米、弧高10厘米。按7块/米^{2}的密度摆放在培育池内，多次冲洗后，再加水等待放苗。

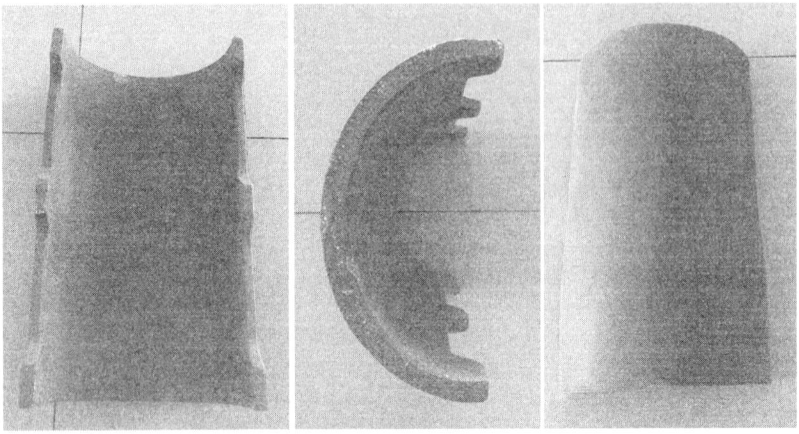

图10　附着基

稚鲍剥离（图11A）：稚鲍培育35～40天，规格达到3毫米左右就可剥离。将附有稚鲍的采苗器放入3%大蒜液中，静置10秒左右，晃动采苗板，即可剥离下来。

稚鲍投放：稚鲍剥离后，按6 000～7 000粒/米^{2}的密度投放到培育池。

饵料投喂：稚鲍以人工配合饲料为食，产品应符合NY 5072要求。投饵量控制在鲍苗总重量的1.5%～3%，投喂时间为17:00—18:00。

日常管理（图11B）：采取全时段充气流水饲育方式，日水交换量为池水体积的12倍左右。每天上午清池1次，清除池底的残饵、粪便及死苗。

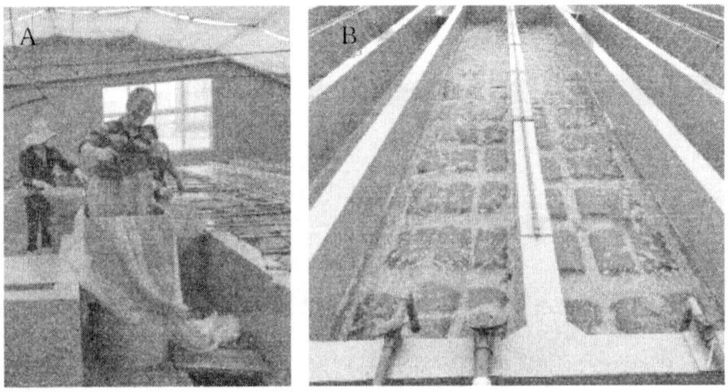

图11　稚鲍后期培育

A. 稚鲍剥离　B. 培育池内培育

(3) 中期筛选

筛选时间：当稚鲍摄食欲望强烈、死亡率较低、日间附着基上表面未附着稚鲍时，即可筛选。

筛选方法：将附有稚鲍的附着基放入3%酒精溶液中，静置1分钟左右，再用毛刷轻轻将稚鲍剥离。稚鲍剥离后，根据稚鲍大小筛分为3～4个规格，选留1～2类优质大苗继续饲育，投放密度为1 000～1 500粒/米^2。

稚鲍中期筛选过程示例如图12所示。

图12 稚鲍中期筛选

(4) 鲍苗出池及运输

出池时间：每年11月初左右，当自然水温为18℃左右时，鲍苗即可销售。

运输方式：一是水运法，适合长途运输，一般采用水车，内有充气装置及降温设备，运输过程中水温在14～15℃为宜，运输时间应控制在48小时以内。二是干运法，适合短途运输，将鲍苗放入网袋内，再将网袋放入无毒泡沫箱内，将浸湿海水的棉布盖在网带上，箱内加入冰袋，密封，运输时间宜控制在15小时以内。

三、健康养殖技术

(一) 养殖条件要求

皱纹盘鲍“寻山1号”具有在北方周年养殖条件下生长速度快、存活率高等优点，适宜在山东、辽宁等北方海区周年养殖。养殖方式包括：筏式吊养、围堰养殖、底播养殖等，其中以筏式吊养和围堰养殖模式最为普遍。

（二）主要养殖配套技术

1. 筏式吊养

（1）海区选择　养殖区应选择无城市污水、工业污水，远离码头与河流入海口的海域。海水流速在0.17～0.70米/秒为宜，透明度3米以上，水深10～30米，水质符合《渔业水质标准》和《无公害食品　海水养殖用水水质》要求。

（2）养殖器材　塑料注塑养殖笼，规格为每层40厘米×30厘米×12厘米（长×宽×高），六面各有边长1厘米左右的方形小孔，5～6层穿成一组。

（3）规格与密度　放养规格为2.2厘米以上，初始放养密度为50～60粒/层；当幼鲍壳长达到4～5厘米时，应进行分笼，密度为20～30粒/层。

（4）日常管理

① 投喂。以鲜嫩海带、龙须菜为主，也可投喂盐渍海带等。春、秋季4～5天投喂1次；夏季3～4天投喂1次；冬季每2～3天查看1次，并根据取食情况投喂。一般日投饵量为鲍体重的15%～20%。

② 清除附着物。分笼时应避开高温期，同时清除附着的贻贝、牡蛎、海鞘、海葵等污损生物。

（5）收获　鲍经12个月左右筏式吊养，壳长达到6厘米左右，就可陆续收获上市销售。

2. 围堰养殖

（1）海区选择　选择水质无污染、海床藻类丰富、适合鲍生存、便于管理和收获的海区。一般选择春季4—5月投苗。

（2）放养方式、规格与密度　将苗种置于网袋内，网袋打开直接投放于围堰池塘内。苗种放养规格一般大于4厘米，放养密度为10 000粒/亩左右。

（3）饵料投喂　鲍主要以自然生长的藻类为食，在饵料不足的情况下，应适量投喂海带、龙须菜等大型藻类。

（4）日常管理　播苗前应清除池内敌害生物，如海星、螃蟹等。在养殖过程中，一般利用潮汐纳排水；在养殖高温期或水质较差时，利用设备增加纳排水量，以保持水质稳定。

（5）成鲍的收获　历经19～20个月的养殖，壳长达到7厘米以上，即可陆续上市销售。

3. 底播养殖

（1）海区选择　海区应风浪平缓、潮流通畅、水质清澈，远离河流入海口，岩礁底质，海床藻类丰富，水深5～10米，水质符合《渔业水质标准》要求。

(2) 放养规格与密度　苗种放养规格大于4厘米为宜，根据海床藻类生长情况，放养密度一般为3～10粒/米²。

(3) 投放时间和投放方法　一般在春季放苗，海区水温达到10℃左右为宜。确定区域位置，由潜水员下潜播撒。

(4) 日常管理　播苗前应清除海星、螃蟹、脉红螺等敌害生物。定期、定区进行监测，掌握分布密度、生长速度、存活率等，同时做好水温测定。

(5) 成鲍的收获　壳长达到7厘米以上即可收获，由潜水员潜水采捕。

(三) 主要病害防治方法

1. 脓疱病

该病主要由荧光假单胞杆菌、河流弧菌感染而引起，发病时鲍足肌上呈现1～10个微隆起的白色脓疱，足部肌肉产生不同程度溃烂，病鲍附着力减弱。

【防治方法】合理密殖、保持饵料新鲜程度、在高温期严格控制投饵量、增加换水量是预防脓疱病最有效的方法。若染病，在执业兽医师的指导下用药，可以使用复方新诺明等。

2. 附着生物

在工厂化养殖模式下主要为石灰虫等附着生物，在海区养殖时则包括牡蛎、海绵动物和海鞘等。

【防治方法】在工厂化养殖模式下，注意养殖用水的过滤，加大清池力度，减少石灰虫的繁殖，同时可采用更换附着基等方法处理附着生物；在开展海区吊养时，可在养殖笼内投放少量的荔枝螺或甲虫螺，用于防止牡蛎等在鲍鱼壳面的附着。

四、育种和种苗供应单位

(一) 育种单位

威海长青海洋科技股份有限公司

地址和邮编：山东省荣成市寻山路590号，264316

联系人：卢龙飞

电话：17863083778

(二) 种苗供应单位

威海长青海洋科技股份有限公司

地址和邮编：山东省荣成市寻山路590号，264316

联系人：卢龙飞

电话：17863083778

五、编写人员名单

刘光谋，常丽荣，卢龙飞，肖露阳，李加琦

文蛤“科浙2号”

一、品种概况

（一）培育背景

文蛤（*Meretrix petechialis*），又称短文蛤，属于软体动物门（Mollusca）、双壳纲（Bivalvia）、帘蛤目（Veneroida）、帘蛤科（Veneridae），是一种重要的滩涂经济贝类。文蛤作为一种广温埋栖性贝类，在我国从辽宁到广西沿海内湾和河口滩涂都有分布。因其肉质细嫩、味道鲜美、营养丰富，已成为我国沿海地区重要的增养殖对象，也是出口创汇的重要海产品。

近年来，伴随着养殖规模和养殖密度的增加，以及养殖环境的恶化，文蛤主产区在夏季容易发生暴发性死亡事件，对文蛤养殖业带来了严重的冲击，成为制约这一产业发展的重要因素。研究表明，高温期海水中高含量的致病性弧菌，是引起文蛤暴发性死亡的最直接原因之一。但由于滩涂贝类的生理、生态特点和养殖方式所限，滩涂贝类养殖业中尚缺乏绿色安全、切实有效的防控病害的手段。因此，提高养殖品种自身的抗病能力，培育抗病新品种是解决当前文蛤养殖业病害问题的根本途径之一。

文蛤“科浙 2 号”正是针对夏季养殖环境弧菌病害多发的现状，以抗弧菌能力强、养殖存活率高为选育目标，经杂交培育获得的稳产、高产文蛤新品种。在实际养殖过程中，该品种有效避免了弧菌病害大规模发生，取得了良好的经济效益和社会效益。

（二）育种过程

1. 亲本来源

2006 年以收集于山东东营和江苏南通的野生文蛤的随机交配群体为基础群体，经连续 4 代选育出抗副溶血弧菌紫壳色群体（A）、抗副溶血弧菌兼生长速度快群体（Bg）和抗副溶血弧菌杂壳色群体（BF）。通过对上述 3 个选育群体进行杂交配合力分析，筛选确定了抗副溶血弧菌紫壳色选育群体（A）为母本、抗副溶血弧菌兼生长速度快选育群体（Bg）为父本的最优杂交组合。

2. 技术路线

培育的技术路线见图 1。

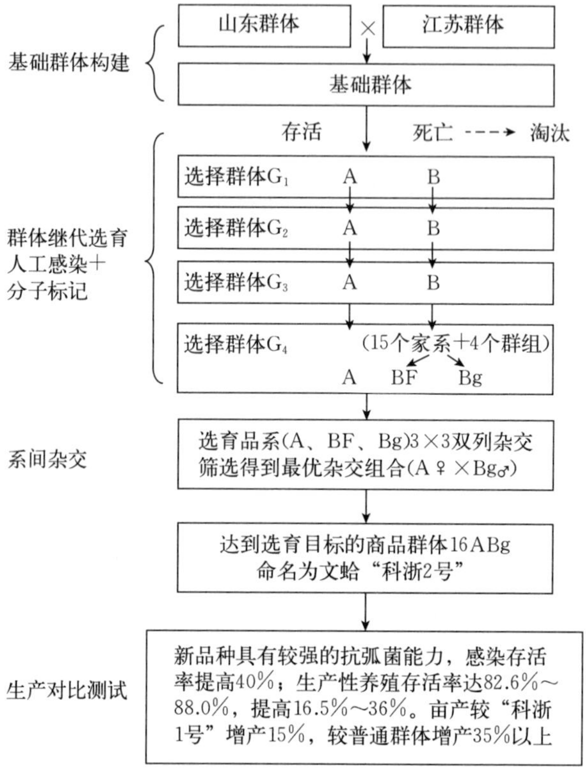

图 1　文蛤"科浙 2 号"培育技术路线

3. 培育过程

（1）*基础群体构建*　2006 年在我国文蛤主产区山东、江苏等地收集文蛤野生群体，经过一致性培育后，分别选择健康、大小均匀的山东群体和江苏群体亲贝各 500 粒，构建了随机交配群体作为选育的基础群体。

（2）*群体继代选育*　2008 年开始以抗弧菌病和生长速度为目标性状，依据壳色将人工感染后存活的亲贝分为 A（紫色）、B（杂色）两个群体。在此基础上，对 A、B 群组进行了连续 4 代的抗弧菌性状的选育，利用人工感染和分子标记辅助选择的方法在代际间交替进行群体选择，通过选留一定比例的攻毒后存活的个体或者携带保护基因型的个体，提高抗性等位基因在选择群体中的频率。2016 年（G_4 代）从 A 群中选育出抗副溶血弧菌紫壳色群体（A），从 B 群构建的 15 个家系和 4 个群组中选育得到了抗副溶血弧菌兼生长速度快群体（Bg）和抗副溶血弧菌杂壳色群体（BF）。

(3) 系间杂交　通过对上述3个选育群体进行杂交配合力分析，筛选出抗副溶血弧菌紫壳色选育群体（A，♀）和抗副溶血弧菌兼生长速度快选育群体（Bg，♂）的杂交组合，杂交获得的F_1，即为文蛤“科浙2号”。

（三）品种特性和中试情况

1. 品种特性

文蛤“科浙2号”（图2）抗弧菌能力强，遗传稳定性好，在相同的养殖条件下与未经选育的文蛤相比，抗副溶血弧菌能力平均提高44.2%。苗种养殖存活率平均提高28.2%，在生长期死亡发生率低。在南方地区“科浙2号”苗种养殖一年半即可达到商品规格，在北方地区养殖两年可达商品规格。

图2　文蛤“科浙2号”

2. 中试情况

2017年在浙江温州的乐清和瑞安2个试验点进行池塘对比养殖300亩，其中乐清养殖200亩，瑞安养殖100亩。在池塘养殖模式下，“科浙2号”优良性状遗传稳定。养殖对比结果表明，“科浙2号”养殖成活率比对照群体提高了26.0%～36.0%，增产26.3%～34.8%。2018年7—8月浙江部分养殖池塘出现病害，乐清养殖池塘的普通群体出现一定程度的空壳，养殖成活率仅为50.0%，而在相同条件下“科浙2号”平均养殖成活率达到86.0%，比对照提高了36个百分点。这一养殖过程中的突发病害事件表明“科浙2号”的高产稳产性能与对照群体相比得到了显著提高。2018年11月乐清养殖池塘统计收获的“科浙2号”商品贝比同期对照群体平均增产34.8%。同年，在山东潍坊对比养殖200亩，“科浙2号”与对照的“科浙1号”和普通文蛤苗种相比，分别增产11.1%和21.3%，增产效果明显。

2018年，在浙江温州、山东东营等地开展了中试对比养殖，其中浙江养殖300亩、山东养殖500亩。在浙江温州，“科浙2号”商品贝比对照群体增产21.9%，比“科浙1号”增产8.9%；山东养殖的“科浙2号”商品贝比对照群体平均增产23.6%。

2019年，在浙江温州的翁垟、柳市、雁荡山等试验点开展生产性对比养殖测试，养殖规模600亩。经过1年的养殖对比，翁垟池塘养殖试验点“科浙2号”养殖成活率平均88.9%，对照群体养殖成活率平均52.9%；柳市试验点“科浙2号”养殖成活率86.7%，对照群体养殖成活率56.0%。结果表明“科浙2号”的养殖成活率均高于普通对照群体，表现出较了强的稳产特性。

二、人工繁殖技术

（一）亲本选择与培育

1. 亲本来源与选择

文蛤“科浙2号”亲本群体为经连续数代选育、遗传稳定的文蛤抗副溶血弧菌紫壳色选育群体（A，♀）和文蛤抗副溶血弧菌兼生长速度快选育群体（Bg，♂），目前两个亲本群体分别保存在浙江省海洋水产养殖研究所清江基地（图3）和浙江永兴水产种业有限公司池塘中。

图3　清江基地保种池塘

亲贝选择的标准：①壳长4.5～6.5厘米，贝壳完整，无损伤，壳面有光泽；②抽检性腺发育正常，肥满度好。

2. 亲本培育

将繁殖用的两个亲贝群体（A和Bg）置于室内不同的水泥池或玻璃钢水槽中，避免群体之间发生混杂。培育密度为每立方米水体40～60粒种贝，水深1.0～1.5米。促熟过程池底铺沙或无沙皆可，铺沙效果好于无沙。铺沙促熟要定期对沙子进行清洗，及时清除粪便和残饵，每天换水1次，每次换水量1/2；无沙促熟每天换水1/2，每隔1～2天倒池，彻底清洗1次。促熟期间投喂硅藻（三角褐指藻、小新月菱形藻）、金藻或扁藻等单胞藻，日投喂量5.0×10^4～1.0×10^5个/毫升；逐步增加投喂量，后期达（1.5～2.0）$\times10^5$个/毫升，分3～5次投喂。培育期间连续微量充气。盐度范围15～30，最适盐度20。

亲贝培育期间从自然水温逐渐升温至26～27℃。先以每天1.0℃的幅度升温至17～18℃，稳定2～3天；然后以每天0.5℃的幅度升温至26～27℃，中间随时检查性腺，如果性腺发育不理想或个体间发育不整齐，可以在一个温度下稳定数天。临近性腺成熟时注意观察亲贝摄食情况，当摄食量减少时，预示亲贝可能产卵。对于6月下旬后入池的亲贝，在性腺成熟饱满的情况下可以直接催产。

（二）人工繁殖

1. 催产

准备2个催产池。将A和Bg两个群体的亲贝，阴干刺激4～6小时后，流水刺激0.5小时，分别放入催产池中，海水温度27～29℃，一般2小时后亲贝即可排精、产卵（图4）。正常情况下群体中的雄性排精早于雌性产卵，

图4 文蛤催产

利用排放精卵的时间差，人工分别收集 A 群体的雌性亲本和 Bg 群体的雄性亲本，经淡水冲洗后，置于不同的催产筐中，分别放入采卵池和采精桶中进行催产。采卵池水体中卵子密度一般控制在 100 粒/毫升以下，要根据产卵量及时将种贝移出。

2. 授精

当采卵池中 A 群体所产卵子达到合适密度后，将采集的 Bg 群体的雄性排放的精液倒入采卵池进行授精。精液加入后需要充气和搅拌，并随时镜检，防止精子过多。孵化密度控制在 40～60 粒/毫升，水温 27～29 ℃，盐度 18～28。孵化至 D 形幼虫后，分选上浮幼虫，按 10 个/毫升左右分池培养。

（三）苗种培育

1. 幼虫培育

培育温度 28～31 ℃，盐度 18～25，光照 500 勒克斯以下。培育密度 8～10 个/毫升。受精 24 小时后发育至 D 形幼虫期，即可投喂金藻等小型单胞藻。开始时日投喂量 1×10^4 个/毫升；随着幼虫的生长，饵料投喂数量和种类应逐步增加，后期达到 5×10^4 个/毫升，可以适当添加扁藻等，日投喂 3～5 次。每天换水 1 次，每次换水 1/3～1/2。第一次倒池应在受精后 25～30 小时进行，以后每 2～3 天倒池一次。用 100 号或 120 号散气石连续微量充气。

2. 采苗

当幼虫出现眼点，壳长达到 170～180 微米时，将幼虫滤出移至采苗池附着。采苗池一般为 10～50 米^3 的水泥池，池底铺经过清洗消毒的细沙或底泥，厚度约 0.5 厘米。幼虫在采苗池自然附着后，采用流水方式换水，每天换水量一般为培育池容水量的 1～2 倍。前期继续以投喂金藻为主，变态后可适当投喂扁藻和小球藻等单胞藻。每 7～10 天倒池一次，倒池时将苗冲出、清洗。

3. 稚贝培育

（1）稚贝早期培育　稚贝生长至 500 微米左右时，摄食强度大大增加，室内静水培模式已无法满足其生长需求，应及时将稚贝转入专用的稚贝中间培育设施中进行培育。稚贝培育池应选择池深 1.0 米以上的水泥池，池底铺 1 厘米左右厚的细沙，池子进排水方便。培育期间利用周边池中预培养饵料的水体为培育池换水，从而为稚贝供饵，同时可人工投喂金藻、硅藻、扁藻等作为补充。通过加、换水调节池内水色，保持透明度为 40 厘米，进水为经过沉淀并经 200 目筛绢过滤以及肥水处理的海水。稚贝生长至壳长 1 毫米以上，可将苗种筛出转入土塘进行中间养成。

（2）稚贝土塘中培　苗种培育塘面积以 0.5～1.0 亩为宜，实养面积小于池塘面积的 60%。池塘两侧分别设置独立的进排水设施。塘底设环沟、中央为滩面，中央滩面低于堤坝50～100厘米，环沟比滩面深约50厘米。用1米高的聚乙烯网围置出苗种培养涂面，围网孔径以1～2厘米为宜，防止大型鱼蟹等敌害生物入内。在中间培育过程中，选择在大潮汛时，排干塘水，露出滩面，检查和清除敌害生物如甲壳类、腹足类、野杂鱼等；检查围网设施是否完好，并清洗围网上附着生物。有杂藻或浒苔大量繁殖时，用无公害灭苔药物或进行人工清除。

苗种培育塘的水色以浅茶色或浅绿色为宜。透明度以30～40厘米为宜。当透明度低于30厘米时，加大换水量；当透明度超过40厘米时，可施肥或追肥培养饵料。肥料以发酵过的粪肥或无机肥为宜。

苗种收捕规格要求10毫米以上。收获时间应根据市场需求及贝类养殖季节而定。收捕方法可采用人工挖取或淌洗。

三、健康养殖技术

（一）健康养殖（生态养殖）模式和配套技术

文蛤“科浙2号”的养殖采用围塘养殖或浅海滩涂底播养殖。

1. 围塘养殖

（1）养殖条件　场地附近无污染，水质来源稳定、充足，进排水通畅，盐度适宜（一般以盐度15～25为宜）。滩面平缓，沙底质或泥沙底质（沙含量最好60%以上，细沙粒径为0.25～1.00毫米），无淤泥沉积（图5）。若为泥底

图5　文蛤围塘养殖模式

质，塘底应人工铺沙，厚度 5～10 厘米为宜。

（2）池塘准备和消毒　池塘面积以 20～50 亩为宜。养殖塘开设环沟，沟深约 50 厘米，中央为滩面。中央滩面蓄水深度可达 50～100 厘米。池塘底部为沙泥质，含沙率最好在 60%以上，若含沙率太低需人工铺沙。池塘分别设置独立的进排水设施。在养殖区设置 1～1.5 米高的聚乙烯网，围网孔径为1～2 厘米，防止蟹等生物摄食养殖的贝类。新塘在塘底平整或铺上细沙后，曝晒数天；老塘需清淤，再翻土，深度 20～30 厘米，之后曝晒、平整。池塘整理后，进水之前用生石灰或漂白粉等进行消毒。消毒 24 小时后进排水 2～3 次，冲洗残留药物。

（3）放养规格与密度　放养文蛤"科浙 2 号"苗要求健康、无病害，壳长≥0.5 厘米，每平方米滩面投苗 200～300 粒，投苗时间以阴凉天或晴天的早晨为宜，酷热天或大雨天不宜放苗，放苗后尽快进水，苗种能很快钻入底质中。

（4）日常管理

① 水质检测。围塘养殖需定期测定水环境因子，并通过增加换水、使用微生态制剂等措施调控养殖水环境。

② 饵料培养。围塘养殖水色以浅茶色或浅绿色为宜。透明度以 30～40 厘米为宜。当透明度低于 30 厘米时，加大换水量；当透明度超过 40 厘米时，可施肥或追肥培养饵料。肥料以发酵过的粪肥或无机肥为宜。

③ 敌害生物清除。围塘养殖应定期检查和清除敌害生物如甲壳类、腹足类、野杂鱼等；检查围网设施是否完好，并清洗围网上附着的生物。

④ 收获。围塘养殖的文蛤"科浙 2 号"达到商品规格后，一般采用人工挖取的方式进行采捕。采捕时注意细收细捕，尽可能防止漏捕，避免文蛤死亡后影响塘底环境。

2. 浅海底播养殖

（1）养殖条件　文蛤滩涂底播养殖应选择滩涂平坦、沙泥质、含沙率最好在 60%以上的潮间带和潮下带浅水区作为养殖区域。滩涂养殖区附近最好有河流等淡水注入，海水盐度低，饵料生物丰富，有利于文蛤生长。

（2）播苗和管理　文蛤滩涂底播养殖一般在春季和秋季播苗，投苗时间以阴凉天或晴天的早晨为宜，酷热天或大雨天不宜放苗；播苗规格要求壳长大于 1 厘米，以增加成活率，播苗密度 100～200 千克/亩。底播养殖条件下，"科浙 2 号"达商品规格后，潮间带和浅水区可采用人工徒手挖取或辅助设备挖取方式收获；人工作业困难的水域，采用环境友好型专用采捕设备捕捞。

（二）主要病害防治方法

文蛤"科浙 2 号"围塘养殖过程中，应注意甲壳类、腹足类、海星等敌害生物的入侵，日常检查围网设施是否完好，并及时清洗围网上附着的杂藻或浒苔等生物，避免发生缺氧引起死亡。

弧菌等流行性传染病暂无特效药治疗，以预防为主，加强对水体和微藻等饵料的管理，发现病害后及时清理、销毁病蛤，并对水体进行灭菌和消毒处理。文蛤“科浙2号”在养殖过程中对弧菌病具有较好的抗性，养殖成活率高。

四、育种和种苗供应单位

（一）育种单位

1. 中国科学院海洋研究所

地址和邮编：山东省青岛市市南区南海路7号，266071

联系人：刘保忠

电话：13325011386

2. 浙江省海洋水产养殖研究所

地址和邮编：浙江省温州市鹿城区河通桥6－1号，325005

联系人：柴雪良

电话：13587969015

（二）种苗供应单位

1. 中国科学院海洋研究所

地址和邮编：山东省青岛市市南区南海路7号，266071

联系人：王鸿霞

电话：13553040075

2. 浙江省海洋水产养殖研究所清江基地

地址和邮编：浙江省温州乐清市清江镇水产路51号，325611

联系人：方军

电话：13957705209

五、编写人员名单

刘保忠，王鸿霞，柴雪良，方军

海带“中宝1号”

一、品种概况

（一）培育背景

辽宁是我国海带主产区之一，2019 年辽宁生产海带 31.45 万吨，约占全国总产量的 19%。长期以来，辽东半岛没有本地海带品种，依赖于产于山东、福建的海带种苗。每逢夹苗季节，众多企业便到山东或者福建等地采购海带苗，或者由海带苗经销商将海带苗销售到辽宁养殖企业。长期以来，使用这些来源不同的海带种苗和品种，生产效果很不理想。

辽宁产区海带的主收割季在每年的 5 月 1 日至 6 月 30 日，主要通过漂烫方法加工生产盐渍海带。盐渍产品主要包括海带头、海带结（扣）、海带丝等。海带养殖企业希望海带品种具备以下特点：高产，不形成孢子囊（俗称“化皮”），收割周期相对较长（方便加工），藻体柔韧，烫菜加工出成率高等。

中国科学院海洋研究所海藻种质库团队自 2008 年开始和大连海宝渔业有限公司合作，开展了一系列海带种质收集保存和品种选育的工作。根据辽东半岛黄海一侧水深、流急、营养盐丰富、低温时间长、光照充沛等环境特点，兼顾当地养殖和加工企业对新品种的诉求，确定了选育高产、藻体色泽优异、藻体柔韧、加工出成率高、收割期长、收割期不“化皮”、适合不同排次（水深）养殖需求的海带品种的育种目标。

海带“中宝 1 号”就是在这种特定地域、特定背景下被选育出来的品种之一。从 2008 年开始收集其亲本之一的 A040，到通过多组合杂交筛选获得的杂交品系 B013（亲本之一），再在两者之间展开多组合杂交测试，以及同众多其他品种进行生产比对，到杂交品种定型，历时 10 年之久。

（二）育种过程

1. 亲本来源

海带“中宝 1 号”母本来自 B013 杂交系的后代单倍体克隆。2011 年利用韩国野生种群个体后代和山东荣成栽培种群个体后代进行单倍体克隆杂交，选育出一个具有鲜干比低、干物质含量高、藻体柔韧特点的杂交品系，命名为海带杂交品系 B013。

海带“中宝 1 号”的父本来自海带 A040 自交系的后代单倍体克隆。2008 年从山东荣成采集一株生产用海带，获得单倍体细胞系，经连续多年自交，获得一个藻体幅宽的自交品系，并建立了单倍体克隆系，命名为海带自交系 A040。

2. 技术路线

海带“中宝 1 号”的选育技术路线如图 1 所示。

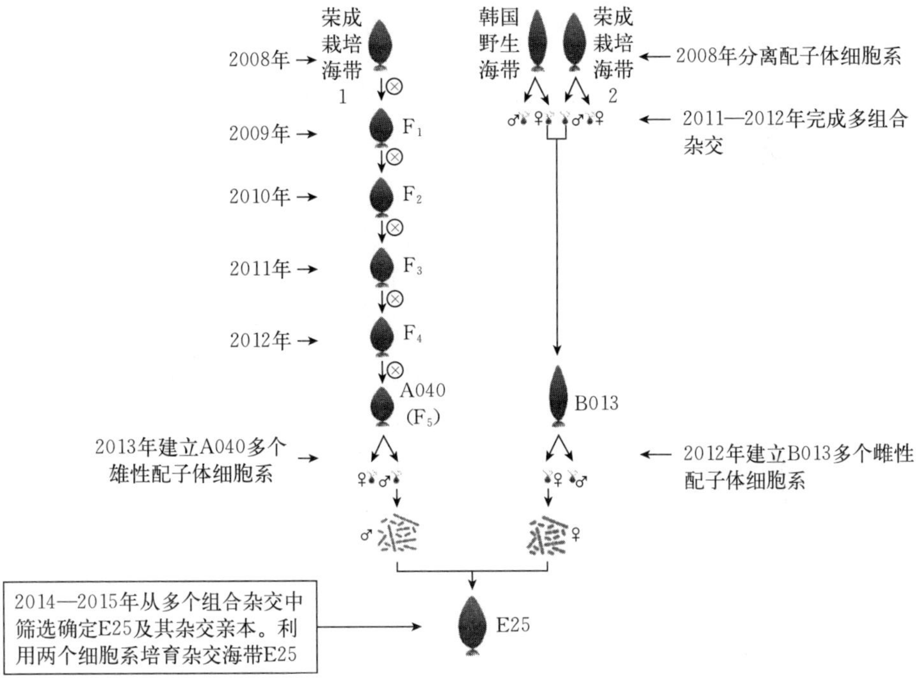

图 1　海带“中宝 1 号”的选育技术路线

3. 培育过程

海带“中宝 1 号”的培育过程经历了 3 个阶段。第一阶段是杂交亲本的确定，这一过程在 2014 年完成；第二阶段是海带“中宝 1 号”的产生，这一阶段在 2014—2015 年完成；第三阶段是养殖测试阶段，从 2015—2017 年，连续在大连地区示范养殖。具体如下：

2008 年，在山东荣成海带养殖群体中采集一株海带，获得单倍体细胞系，制作自交苗种（F_1），在大连旅顺海区养殖。

2009 年，利用第一代自交后代采苗，得到自交苗种（F_2），在大连旅顺海区养殖。2010 年 7 月，现场评估经济性状：平均长度、宽度和鲜重分别为 4 米、55 厘米和 3 千克。

2010 年，利用一株第二代自交后代采苗（F_3），在荣成桑沟湾中、低区养殖测试。

2011 年 6 月，海带 A040 第三代自交群体藻体平均长度、宽度分别达到 2.7 米和 55 厘米，因其宽度大于同年度所有测试的海带品系，选择其作为种菜采孢子育苗（F_4），在荣成桑沟湾中、低区养殖测试。同年，完成 43 个韩国海带野生种群个体后代和山东海带栽培种群个体后代的单倍体克隆杂交组合的杂交，在山东荣成桑沟湾经过海区养殖，获得藻体柔韧，碘、胶含量高，淡干海带深墨绿色，出成率高，栽培周期内不形成孢子囊的杂交品系 B013。

2012 年，利用海带 A040 第四代自交群体采孢子育苗（F_5），在荣成桑沟湾中、低区养殖测试。同年，杂交品系 B013 进行育苗和养殖测试。

2013 年，因海带 A040 第五代自交群体成体藻体太脆，最终被放弃生产使用，但是其作为一个有特色的、藻体宽幅的自交系，被保留下来，并分别建立了单倍体克隆系。同年，杂交品系 B013 进行育苗和养殖测试。

2014 年，使用了地理隔离种群杂交第一代的 B013 单倍体培养系和 A040 单倍体克隆系进行了广泛正、反交，以选育出既保留有 A040 宽度和产量特点，又能提高藻体藻胶含量（藻体柔韧性和色泽相应提高）的后代，该年度共完成 40 对杂交组合的杂交，测试在大连旅顺海域进行。

2015 年，在所有的杂交组合中，杂交号为 E25 的后代具有非常显著的优势：藻体生物量高、色泽好、柔韧性（多糖组分、含量）佳、性成熟时间晚等。

2016 年，海带“中宝 1 号”与第一年生产测试的藻体全长、宽度和鲜重基本相同，藻体长度平均在 4.5～5 米，宽度 65～70 厘米，单株鲜重 3.5～4.0 千克。

2017 年，海带“中宝 1 号”在该年度的养殖测试中所表现出来的特点和第一、二年没有区别。年度现场测量和评估结论如下：①高、低排次的养殖产量无显著区别；②早、晚期的产量变化不大；③在旅顺地区可以一直收割到 6 月底，没有出现烂菜或者严重减产；④一直到收割结束，都没有形成孢子囊，从而保证了其作为烫菜原料菜的质量。

（三）品种特性和中试情况

1. 品种特性

（1）海带“中宝 1 号”适宜在高、中、低不同海区养殖；藻体没有明显的中带部；性成熟时期，会在藻体的表面形成大面积的孢子囊群；成熟藻体无明显变薄的褶皱部。

（2）海带“中宝 1 号”在微卫星（SSR）分析图谱中独立成枝，显著区别于目前生产上大规模栽培的代表性海带品种。其在 5 个 SSR 位点具有 6 个特异的等位基因，大小分别是：265 碱基对（SSR227），373 碱基对和 382 碱基对（H123），268 碱基对（Zspj9），285 碱基对（Zspj17）和 283 碱基对（Zspj28），可以将 E25 与其他品种区别开来。

（3）海带“中宝 1 号”在收割早期和晚期的产量变化不大，一直到收割结束，都没有形成孢子囊，从而保证了其作为烫菜原料菜的质量。

2. 中试情况

2015—2016 年，在大连海宝渔业有限公司海带育苗场进行了海带“中宝 1 号”单倍体克隆规模化育苗测试，共生产了 3 075 万株杂交海带苗，这些海带苗分别在辽东半岛的旅顺和金州区开展养殖测试，测试面积 1 450 亩，平均每根养殖绳鲜菜产量在 180 千克左右，产量全面超过了对照品种。

2016—2017 年，在大连海宝渔业有限公司海带育苗场生产海带“中宝 1 号”克隆苗种 3 450 万株，在辽东半岛各地栽培测试 1 600 亩，产品热销。该年度在大连旅顺黄金山养殖场栽培了 700 余亩。从 5 月 21 日开始收割，到 6 月 27 日收割结束，测试结果显示：①不同排次的养殖产量没有显著区别；②早、晚期的产量变化不大，在每根养殖绳养成 60～70 株情况下，可以实现单根绳产量 190～200 千克的水平（每米养殖绳产出 22～25 千克鲜海带）；③在收割末期，无烂菜或者严重减产；④一直到收割结束，都无孢子囊形成，从而保证了其作为烫菜原料菜的质量。

二、人工繁殖技术

（一）亲本选择与培育

海带“中宝 1 号”的亲本为海带自交系 A040 雄配子体单倍体克隆细胞系和海带杂交品系 B013 雌配子体单倍体克隆细胞系。保存条件：低温（5～10 ℃），低光（低于 500 勒克斯），LED 光，培养液（PES）更替周期为 1 个月。培养条件：温度 12～15 ℃，光照强度 1 500～2 000 勒克斯，充气，每周更换 1 次培养液，每月将丝状体打碎 1 次，多次过滤后，继续培养，周而复始，实现雌、雄亲本生物量的逐渐扩增。

（二）人工繁殖

海带“中宝 1 号”通过人工控制培养室温度、光照、营养盐、充气频率等使配子体亲本正常生长，通过适时打碎、分装等方式促进配子体亲本细胞的快速分裂实现扩培，从而实现配子体亲本生物量的增长，以满足克隆苗育苗生产需求。亲本配子体的扩增培养条件具体为，温度：10～15 ℃；光照：光照强度 1 500～2 000 勒克斯，光照周期（白天：黑夜＝12 小时：12 小时）；营养盐：克隆密度 6 克/升以下时，$NaNO_3$ - N 3.8 毫克/升、KH_2PO_4 - P 0.3 毫克/升；克隆密度 6 克/升以上时，$NaNO_3$ - N 6.2 毫克/升、KH_2PO_4 - P 0.5 毫克/升。接种密度：接种密度越低，克隆生长速度越快。在扩增初期规模较小时，接种密度可控制在 0.5 克/升（无水鲜重）；中后期接种密度一般控制在 1 克/升（无水鲜重）为宜。培养方式：雌、雄配子体亲本单独培养，24 小时充气。培养液为煮沸消毒的二次沙滤海水。

（三）苗种培育

用人工方法将经过同步发育诱导的亲本配子体克隆，经过滤后均匀接种于育苗帘上，在室内育苗池中经控温、控光、施肥、洗刷、换水量等技术措施使幼苗密度、长度达到 GB/T 15807《海带养殖夏苗苗种》规定的培育值。培养条件如下：

培育水温：8～13 ℃。

培育光照：培育光照强度分 4 个控制阶段，这 4 个阶段分别是，①接种后到出现孢子体阶段：1 000 勒克斯；②单细胞孢子体到 1 毫米长孢子体：2 000 勒克斯；③1～5 毫米孢子体：3 000～4 000 勒克斯；④5～20 毫米孢子体：4 000～6 000 勒克斯。

营养盐：幼苗 5 毫米前，$NaNO_3$ - N 4 毫克/升、KH_2PO_4 - P 0.8 毫克/升、$FeC_6H_5O_7$ 0.1 毫克/升；幼苗大小 5 毫米后，$NaNO_3$ - N 5 毫克/升、KH_2PO_4 - P 1 毫克/升、$FeC_6H_5O_7$ 0.1 毫克/升。

洗刷：从接种完配子体开始，一直到孢子体生长到 2 毫米，不需要洗刷苗帘；从孢子体 2 毫米开始，每隔 2 天清洗 1 次苗帘，直到出库为止。

换水量：幼孢子体 60～80 微米时，日补水量为总水体的 30%；幼孢子体 300～500 微米时，日补水量为总水体的 60%；幼孢子体 1～1.5 厘米时，日补水量为总水体的 100%。

三、健康养殖技术

（一）健康养殖（生态养殖）模式和配套技术

1. 养殖方式

海带“中宝 1 号”的养殖方式采用平养法。浮筏设置与海流平行，连接相邻两行浮筏之间的苗绳，使海带平挂于海水中，使海带受光均匀，有利于海带的生长。浮筏筏架由浮绠、砣子、浮子、绑浮子绳等组成。其中，浮绠：材料为聚乙烯纤维绳缆，一般直径为26毫米，筏身长度75～90米；砣子：砣子为水泥砣，重量在5吨以上，砣子的高度要偏低，砣子的高为砣子底边长的1/3，砣子环直径为32～36毫米；浮子：用塑料制成，直径28～30厘米，重量1.6千克左右，浮力125牛；绑浮子绳：材料为聚乙烯，直径3～5毫米。

浮筏布局统一规划，筏间距8米，每区设筏50～100台，筏区之间留出航道40～50米。根据海流的流向和流速确定方向。若流速不快，则顺流设筏；若流速快，则横流设筏。确定筏身的方向和长度后，根据海区的底质在筏身两端打木橛和下砣子固定筏身（图2）。

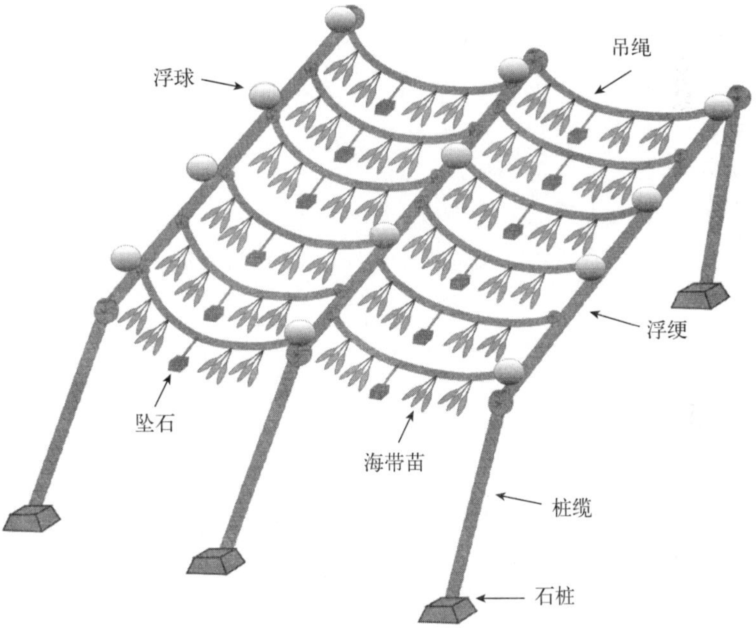

图2　海上筏式养殖示意图

2. 配套技术

（1）暂养　10月中旬前后，海区水温降至20℃以下，苗种长度2厘米左右即可下海暂养。暂养时将整个苗帘拆成一根长绳，将其平行悬挂在一行筏子的浮绠上。下海后初挂水层150厘米，随着幼苗生长逐渐调节至30厘米左右。

（2）分苗　幼苗长到（20±2）厘米即可分苗，分苗时将苗绳上的幼苗剔下夹到栽培绳上。

（3）养殖　幼苗初挂水层120～150厘米，根据透明度的变化适时提升水层，应适当提升水层至30～40厘米。

（4）收获　收割时间一般5月上旬开始。

（二）主要病害防治方法

1. 绿烂病

【发病原因】受光不足。

【主要症状】藻体由梢部开始变绿变软，而后腐烂，直至整个叶片烂掉。

【防治方法】可以适当提升水层或者倒置，切梢与间收，洗刷浮泥，稀疏苗绳。

2. 白烂病

【发病原因】营养不足，光照过强。

【主要症状】藻体从叶片尖端开始逐渐由褐色变白色，并腐烂脱落。

【防治方法】可以采取降低养殖水层、切梢和洗刷措施。

3. 点状白烂病

【发病原因】光照突然增强。

【主要症状】叶片变白、腐烂或形成不规则孔洞。

【防治方法】可采取稀疏苗绳、通流、控制养殖水层措施。

4. 卷曲病

【发病原因】受光过强。

【主要症状】叶缘出现凹凸、褶皱，并向中带部卷曲，藻体停止生长。

【防治方法】叶片长度在100厘米以内的采取密挂暂养措施，根据透明度的大小控制适当的养育水层，初期水层控制在100厘米以下。

四、育种和种苗供应单位

（一）育种单位

1. 中国科学院海洋研究所

地址和邮编：山东省青岛市南海路7号，266071

联系人：逄少军

电话：18905320876

2. 大连海宝渔业有限公司

地址和邮编：辽宁省大连市旅顺口区铁山街道柏岚子村1号，116045

联系人：冷晓飞

电话：18741166788

（二）种苗供应单位

大连海宝渔业有限公司

地址和邮编：辽宁省大连市旅顺口区铁山街道柏岚子村1号，116045

联系人：冷晓飞

联系电话：18741166788

五、编写人员名单

逄少军，冷晓飞，苏丽，张喜昌，刘剑波

全雌翘嘴鳜“鼎鳜1号”

一、品种概况

全雌翘嘴鳜
“鼎鳜 1 号”

（一）培育背景

鳜自 20 世纪 80 年代开展养殖以来，一直是我国淡水养殖优质名贵鱼类品种，其单位经济效益是四大家鱼的 4 倍以上。经过 30 多年的发展，我国已形成以广东珠三角地区为中心的鳜产业，广东的鳜苗种产量与养殖规模连续多年位居全国前列。珠三角地区许多繁殖场使用的鳜亲本经人工繁育已达第 5 代，有的甚至第 6～7 代。由于亲鱼个体间的亲缘关系非常近，过度近交导致种质退化，鳜生长性能、抗逆抗病性能受到影响。目前养殖的普通鳜个体的生长性状平均下降 20%～30%，抗逆性差，苗种畸形率近 30%，养殖平均成活率仅 60%左右。鳜苗种业迫切需要通过现代遗传操作突破产业发展的技术瓶颈，提升苗种的质量，推动鳜苗种产业的可持续发展。

鳜在生长过程中存在明显的性别差异，雌性较雄性平均生长快 15%～30%。因此，培育全雌性的选育品种能够大幅提升养殖效益。“鼎鳜 1 号”正是在对翘嘴鳜进行群体选育的基础上利用性别控制育种的方法培育的全雌新品种，该新品种具有生长快、规格整齐等的优良性状，中试养殖表明能够明显地提高翘嘴鳜的生长性能、缩短养殖周期。

（二）育种过程

1. 亲本来源

2009—2010 年，从湖南省水产原种场引进的性成熟的翘嘴鳜原种共计 560 尾，依据翘嘴鳜种质标准中体重、体长、体高等数据，在原始群体中择优选留体健、个大、体色鲜明的 503 尾个体作为选育的基础群体，原始群体的选择率约 90%。

2. 亲本选育

在广东，翘嘴鳜一年可达性成熟。2010—2014 年，每年繁殖一代。翘嘴鳜经 4 代选育，生长性状基本稳定。此后，在上一代群体中优选生长性状好的个体进行群繁，循环更新选育群体。同时，保留上一代选育群体。具体操作过程：

（1）F_0 代亲本选育　2010年，优选性成熟同步的基础群体中的166组亲本，采用人工催产、自然受精的方法进行群繁。在获得的水花中随机选择共计28万尾进行培育。

① 一次筛选。在苗种培育的夏花阶段，体长约3厘米时，通过过筛选择体形、体色符合种质要求，健康，生长性状好的个体。选择率约为50%。

② 二次筛选。在鱼种培育到规格为体重500克/尾左右（7月龄）时，选择体形、体色符合种质要求，健康，生长性状好的个体，共选留成鱼800尾。总体选择率约为2.38%。

（2）F_1 代亲本选育　2011年，以2010年选育的翘嘴鳜群体为亲本，优选性成熟同步的186组亲本，采用人工催产、自然受精的方法进行群繁。在获得的水花中随机选择22万尾进行培育。

在苗种及成鱼阶段进行二次筛选，个体选择标准同 F_0 代。一次筛选后，选择率为50%；经二次筛选后共选留800尾成鱼。总体选择率约为3.03%。

（3）F_2 代亲本选育　2012年，以2011年选留的 F_1 翘嘴鳜群体为亲本，优选性成熟同步的215组亲本，采用人工催产、自然受精的方法进行群繁。在获得的水花中随机选择30万尾进行培育。

在苗种及成鱼阶段进行二次筛选，个体选择标准同 F_0 代。一次筛选后，选择率为50%；经二次筛选后共选留700尾成鱼。总体选择率约为1.94%。

（4）F_3 代亲本选育　2013年，以2012年选留的 F_2 翘嘴鳜群体为亲本，优选性成熟同步的232组亲本，采用人工催产、自然受精的方法进行群繁。在获得的水花中随机选择40万尾进行培育。

在苗种及成鱼阶段进行二次筛选，个体选择标准同 F_0 代。一次筛选后，选择率为50%；经二次筛选后共选留800尾成鱼。总体选择率约为1.67%。

（5）F_4 代亲本选育　2014年，以2013年选留的 F_3 翘嘴鳜群体为亲本，优选性成熟同步的212组亲本，采用人工催产、自然受精的方法进行群繁。在获得的水花中随机选择30万尾进行培育。

在苗种及成鱼阶段进行二次筛选，个体选择标准同 F_0 代。一次筛选后，选择率为50%；经二次筛选后共选留800尾成鱼。总体选择率约为1.87%。

（6）育种效果　经过4代的群体选育，体重、体长性状指标逐年提高并已稳定，且表现出生长快速的优良性能（表1）。翘嘴鳜选育系 F_4 代与 F_0 代对照系对比，平均体重增长18.4%，平均体长提高7.5%，体重、体长的变异系数趋小，整齐度明显提高。由于选育后的翘嘴鳜生长性状比较稳定，2015 年后不再开展针对性的选育工作。此后，每两年更新一代，在上一代群体中优选生长性状好的个体进行群繁，循环更新群体。同时，保留上一代群体。

表 1　2010—2014 年翘嘴鳜群体选育生长性状均值表（$n=30$）

代数	选留数量（尾）	7 月龄平均体重（克）	体重变异系数	7 月龄平均体长（厘米）	体长变异系数
QF0 - 2010	800	515.1±150.5	0.292	26.5±3.2	0.121
QF1 - 2011	800	534.3±141.2	0.264	26.8±3.0	0.112
QF2 - 2012	700	579.3±137.2	0.237	27.8±2.7	0.097
QF3 - 2013	800	603.5±139.3	0.231	28.2±2.7	0.096
QF4 - 2014	800	610.3±142.2	0.233	28.5±2.5	0.088

3. 父本 XX 生理雄性翘嘴鳜诱导

2015 年，依据翘嘴鳜性别决定机制是 XY 基因型的研究结果，以 2014 年选留的 F_4 翘嘴鳜群体为亲本，优选性成熟同步的 200 组亲本，采用人工催产、自然受精的方法进行群繁。对破膜后 10 天的翘嘴鳜幼鱼使用雄激素进行雄性化诱导，经持续 30 天的诱导后，共计诱导翘嘴鳜幼鱼 2 000 尾；在苗种及成鱼阶段进行二次筛选，个体选择标准同 F_0 代，选择性状一致的翘嘴鳜个体作为生理雄鱼亲本。第一次筛选在苗种 10 厘米时，从选留的 2 000 尾幼鱼存活个体中选择 1 000 尾进行培育；第二次筛选在养殖 7 个月时，在第一次筛选培育群体中，选留亲本 600 尾亲鱼进行培育。应用自主研发的翘嘴鳜性别分子标记方法，对选留亲本进行性别鉴定，筛选出诱导的生理雄鱼，共计获得生理雄鱼亲本 305 尾。

2016 年，将培育的生理雄鱼与正常雌鱼进行繁殖，经人工授精试验验证，利用生理雄鱼精子与正常雌鱼卵结合，可获得正常子代。其与利用正常雄鱼精子与正常雌鱼卵结合产生的子代在受精率、孵化率和苗种成活率方面无差异。应用性别分子标记和解剖检查，对产生的子代进行性别检测，结果显示均为雌性。进一步对生理雄鱼 XX′（♂）和正常雌鱼 XX（♀）生产的翘嘴鳜幼鱼进行雄性化诱导，在养殖 5 个月后，对其中 30 尾进行解剖验证，发现均有发育较好的精巢；养殖至性成熟后，经精子活力检测，成熟的生理雄鱼精子活力与正常雄鱼的精子活力无明显差异。共获得生理雄鱼 XX′（♂）亲本 600 尾。

2017 年以后每代全雌翘嘴鳜培育时随机保留 1 万～2 万尾水花进行雄性化诱导，最终保留 2 000 尾左右个体进行遗传性别鉴定，保留其中遗传雌性的雄性个体作为生理雄鱼亲本，用于“鼎鳜 1 号”的中试生产。为了保持亲本的性能，每两年更新一代，在上一代群体中优选生长性状好的个体进行群繁，循环更新群体。

4. 全雌翘嘴鳜“鼎鳜1号”繁育

全雌翘嘴鳜“鼎鳜1号”繁育技术路线见图1。

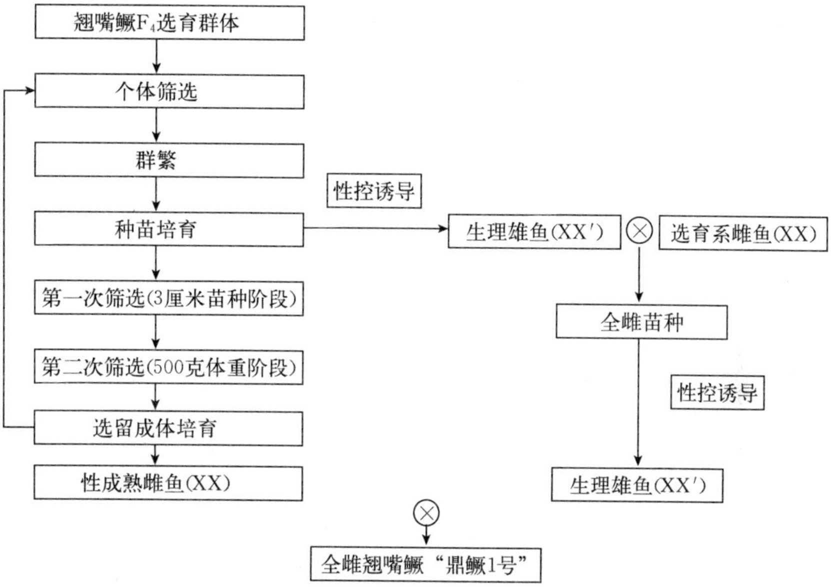

图1　全雌翘嘴鳜“鼎鳜1号”繁育技术路线图

（1）2017年全雌翘嘴鳜“鼎鳜1号”的繁育　2017年，挑选体形好、体征健康、活力好的翘嘴鳜母本繁育全雌鳜水花8万尾，培育至3厘米规格时“鼎鳜1号”成活率为62.5%。

（2）2018年全雌翘嘴鳜“鼎鳜1号”的繁育　2018年，利用选育的翘嘴鳜（♀）与诱导的生理雄鳜（♂）进行“鼎鳜1号”繁育，获“鼎鳜1号”水花100万尾，培育至3厘米时成活率为50%。

（3）2019年全雌翘嘴鳜“鼎鳜1号”的繁育　2019年，利用选育的翘嘴鳜（♀）与诱导的生理雄鳜（♂）进行“鼎鳜1号”繁育，获“鼎鳜1号”水花220万尾，培育至3厘米时成活率为46.3%。

（4）2020年全雌翘嘴鳜“鼎鳜1号”的繁育　2020年，利用选育的翘嘴鳜（♀）与诱导的生理雄鳜（♂）进行“鼎鳜1号”繁育，截至5月31日获“鼎鳜1号”水花1 000万尾，培育至3厘米时成活率为50.6%。

5. 全雌翘嘴鳜“鼎鳜1号”育种效果测试

从湖南省水产原种场引进翘嘴鳜，以生长速度为目标性状经连续4代群体选育获得F_4代群体，作为全雌翘嘴鳜“鼎鳜1号”亲本群体。该育种群体表现出优异的生长性能且遗传稳定。在此基础上，运用单性育种技术获得全雌性苗种，进一步挖掘、利用鳜雌性比雄性生长速度快15%～20%的性别生长差异，开发的全雌翘嘴鳜“鼎鳜1号”苗种表现出了生长性能优、整齐度和成活率高的特点。

在2017年基地养殖试验中，当年3厘米的“鼎鳜1号”苗种经5个月养殖，与同一母本半同胞两性对照家系（父本为正常雄性）翘嘴鳜苗种相比，平均体重提高了13.5%，成活率提高了10.5%。

2018年和2019年基地养殖试验中，当年3厘米的“鼎鳜1号”苗种经6个月养殖，平均体重较未选育翘嘴鳜苗种分别提高了18.7%和22.3%，成活率分别提高了12.3%和15.7%。

（三）品种特性和中试情况

1. 品种特征

全雌翘嘴鳜“鼎鳜1号”主要形态特征、表型性状见表2、表3。

表2　全雌翘嘴鳜“鼎鳜1号”可数性状

种类	背鳍鳍式	臀鳍鳍式	侧线鳞数	鳃耙数
“鼎鳜1号”	D. Ⅻ～ⅩⅢ，13～15	A. Ⅲ，9～11	123～128	6～7

表3　全雌翘嘴鳜“鼎鳜1号”可量性状

性　状	“鼎鳜1号”
体长/体高	2.7～3.1
体长/头长	2.6～2.9
头长/吻长	3.3～3.8
头长/眼径	6.1～7.9
头长/眼间距	6.7～8.0
体长/尾柄长	5.9～6.8
体长/尾柄高	8.8～9.7

2. 优良性状

（1）体形与体色好、一致性高　“鼎鳜1号”亲本来自湖南省水产原种场引进的原种后代，在多代选育过程中特别注意保留长江原种长身、高背、大斑等优良外观性状。

（2）雌性率高，规格整齐　“鼎鳜1号”是采用现代鱼类性控育种技术与传统群体选育技术相结合培育的全雌性品种，雌性率达97%以上，减少了鳜普通养殖群体中雌雄生长差异导致的群体规格不整齐现象。同时，由于“鼎鳜1号”繁育时是采用人工授精的方式，同一批次苗种均为半同胞家系（同父异母姊妹），进一步提高了群体的规格整齐度。

（3）生长快、产量高、效益好 “鼎鳜1号”生长速度较未选育翘嘴鳜快18.7%～22.3%；同等放养数量与养殖条件下，增产增收效益显著。

3. 中试情况

2017—2019年，在广东梁氏水产种业有限公司共生产全雌翘嘴鳜“鼎鳜1号”苗种约200万尾，同时在广东省佛山市、清远市、阳江市，江西省南昌市，湖北省黄石市，江苏省盐城市等地进行中试养殖。

三年中试示范养殖面积共866亩，养殖周期5～7个月，广东省亩产量可达1 500千克以上，其他省亩产量可达550千克以上，中试养殖产量达1 147吨（表4）。

表4 全雌翘嘴鳜“鼎鳜1号”养殖中试情况

年份	地区	养殖面积（亩）	投苗情况		收获情况			
			放养密度（尾/亩）	规格（厘米）	产量（千克）	亩产（千克）	饵料系数	成活率（%）
2017	佛山	11	4 000	2～3	17 800	1 618	3.6	85.5
2018	佛山	91	3 500～4 000	2～3	158 000	1 736	3.55	82.5
	阳江	95	3 500	2～3	158 000	1 663	3.7	82.5
	清远	80	3 500	2～3	125 000	1 563	3.6	83.6
	南昌	15	1 500	3～4	8 610	574	3.9	81
	黄石	30	1 500	2～3	18 696	623	4.0	82.5
	盐城	25	1 500	4～5	16 450	658	4.0	84
2019	佛山	204	3 500～4 000	2～3	356 800	1 749	3.63	81.8
	阳江	110	3 500	2～3	182 600	1 660	3.7	83.8
	清远	135	3 500	2～3	204 390	1 514	3.7	81.6
	南昌	15	1 500	3～4	8 580	572	4.0	83
	黄石	30	1 500	2～3	18 330	611	4.0	81.6
	盐城	25	1 500	4～5	16 400	656	4.0	85

试验结果证明，全雌翘嘴鳜“鼎鳜1号”具有生长快、规格整齐、养殖成活率高的特点，销售价格较普通鳜提高1～2.5元/千克，具有明显的经济效益优势。

二、人工繁殖技术

（一）亲本选择与培育

1. 亲本选择

（1）母本选择　对湖南省水产原种场引进个体进行选育至 F_4 代，从中选择雌性。

（2）父本选择　对湖南省水产原种场引进选育 F_4 代群体的翘嘴鳜群体繁殖的 20 日龄翘嘴鳜幼鱼使用雄激素进行雄性化诱导，然后对选留亲本进行性别鉴定，筛选出诱导的伪雄鱼。

2. 亲鱼培育

（1）培育环境　亲鱼运回后放养于 1.5～1.8 米深的土池中，土池面积以 1～3 亩为宜；所用水源应符合渔业水质标准并保持水量长期稳定，溶解氧在 5 毫克/升以上，pH 为 6.0～8.0，透明度≥35 厘米；水温在 4～35 ℃，以 18～28 ℃为宜；放养密度以不超过 300 千克/亩为宜；雌、雄亲鱼分塘精养培育。

（2）饲养管理　投喂坚持定时、定点、定质、定量的原则，首次投放饵料鱼量为亲鱼重量的 2～3 倍。为保证亲鱼的性腺发育和成熟，以每周在固定的方位投 1 次适口的活饵料鱼为宜，投饵量为亲鱼放养量的 1～2 倍；饵料鱼以鲮、鲢为佳，尺寸控制在亲鱼体长的 1/3 左右。每日巡池 1 次，观察亲鱼的摄食及活动情况；监测水质、水位变化情况，检查养殖设施并做好记录。

（3）产后培育　产后亲鱼按照 1 万国际单位/千克体重的标准注射青霉素，回塘后及时投喂新鲜适口的饵料鱼，日投喂量控制在鱼体重的 5%左右。15 天以后恢复正常饲养条件。

（二）人工繁殖

1. 人工催产

（1）催产季节与水温

① 繁殖季节。4—7 月。

② 繁殖水温。22～32 ℃，以 24～28 ℃为宜。

（2）催产药物和剂量

① 催产药物。地欧酮（DOM）和鱼用促黄体素释放激素类似物（LRH－A）。

② 催产剂量。催产剂以每千克雌亲鱼体重 DOM 5 毫克＋LRH－A 5 微克为宜，雄亲鱼减半。

③ 注射方式。采用胸鳍基部注射，雌、雄亲本均采用一次注射法。

④ 效应时间。效应时间见表 5。

表 5　催产剂效应时间

水温（℃）	效应时间（小时）
22～23	26～29
24～25	23～26
25～27	22～25
26～28	22～24

（3）人工授精　根据水温高低与亲鱼性腺成熟的程度，适时掌握时间进行人工授精。一般在注射催产剂后，按表 5 规定的效应时间，提早 2 小时开始观察，检查亲鱼发情情况，并每隔 30 分钟检查 1 次。当轻压腹部，生殖孔中有卵粒流出时，即可进行人工授精。盛放精、卵的器皿应干燥洁净，精、卵避免阳光直射。所取精、卵在人工搅拌下结合受精。一般采用干法和半干法两种。

干法授精：把所取精、卵混合，再加水搅拌 1～2 分钟，使之受精。

半干法授精：先用 0.8%生理盐水稀释精液，然后与卵混合，再加水搅拌 1～2 分钟，使之受精。

（4）精子冷冻保存

① 配制 D－15 精子稀释液。每 100 毫升稀释液含有氯化钠（NaCl）0.8 克、氯化钾（KCl）0.05 克、葡萄糖 1.5 克，放置于 2～6 ℃保存备用。

② 精子混合。按 1∶3（精液∶稀释液）加入提前预冷的 D－15 稀释液于装有精液的烧杯中，并添加 10%终浓度体积的二甲基亚砜（DMSO）作为抗冻剂，用玻璃棒搅拌均匀。将 1 毫升精液混合液加入预冷 2 毫升的冻存管进行分装。

③ 精子冷冻保存。在 0～4 ℃条件下平衡 25 分钟，然后将冻存管置于液氮液面上方 5 厘米处平衡 10 分钟，再在液氮面上 1 厘米处平衡 5 分钟后投入液氮保存。

④ 精子解冻。将精子冻存管从液氮中取出，37 ℃水浴解冻，摇晃解冻 70 秒至完全融化。

2. 孵化管理

（1）孵化用水　水质应符合渔业水质标准的规定，其中溶解氧应在 6 毫克/升以上。进入孵化设备的水应用 24 孔/厘米的尼龙或乙纶网布制成的密网过滤，保持水质清新，严防敌害进入。

（2）孵化密度　一般流水孵化的放卵密度为 $5\times10^4\sim10\times10^4$ 粒/米^3。

（3）出膜时间　鱼苗出膜时间随水温的变化而定，水温与出膜时间的关系见表6。

表6 水温与出膜时间的关系

水温（℃）	出膜时间（小时）
18～21	65～75
22～24	38～50
23～25	36～45
25～27	34～38

（4）日常管理 孵化期间应有专人值班，观察检查孵化设备的完好情况，水质、水流情况，鱼卵的漂浮情况；破膜期间应加强孵化设备中滤水设施的检查与清洗，保持滤水畅通，并做好值班记录，发现问题及时解决。

已出膜的鱼苗卵黄囊基本消失，处于水平游动状态，开始摄食时，应及时投喂刚出膜的适口饵料鱼，然后转入苗种培育。

整个孵化过程中，如遇连续低温、阴雨，受精卵感染水霉，可向孵化水体中泼洒食盐，使孵化水的药液浓度为3 000毫克/升，并停水浸泡消毒3～5分钟，每天早晚各用药1次。

（三）苗种培育

1. 寸片培育

（1）鱼苗放养

① 鱼苗放养前注意事项。鱼苗放养前用高锰酸钾对水泥池进行消毒，用盐水浸泡对鱼体进行消毒。

② 放养规格与密度。出膜3～7日龄的鱼苗在水泥池中放养密度为0.5万～1万尾/米^2。

（2）日常管理

① 饵料鱼配套。鳜鱼苗孵出3天后，卵黄囊消失，鳍条出现，体长达4～4.5毫米，即转入开口摄食阶段。开口饵料鱼为脱膜24～72小时的团头鲂苗或脱膜24～60小时的麦鲮苗。配套饵料鱼（团头鲂或麦鲮）应在鳜催产后进行催产。第一批繁殖数量是鳜鱼苗数量的3倍，然后连续生产2～3批，数量逐渐增加。

饵料鱼配套操作要点：a. 刚孵化出的团头鲂苗或麦鲮苗可供应3～5日龄的鳜鱼苗，日投喂量为鳜鱼苗的1～3倍，分3～4次投喂；b. 2日龄团头鲂苗或麦鲮苗可供应5～7日龄的鳜鱼苗，日投喂量为鳜鱼苗的3～5倍，分2～3次投喂；c. 开始出现腰点的麦鲮苗可供应8～10日龄的鳜鱼苗，日投喂量为鳜鱼苗的8～10倍，分2～3次投喂。有关饵料鱼投喂量确定：刚开口摄食的鳜食量很小，每天吃1～2尾团头鲂苗或麦鲮苗就足够，以后随着鳜鱼苗的长大，摄食量逐渐加大，需每天逐渐加大投喂量。在以上操作过程中，定期检查池中饵料鱼的密度，依据实际情况及时补充适口的饵料鱼。

② 观察与记录。每天测定水温、溶解氧、氨氮、亚硝酸盐等环境因子，观察鱼苗情况，注意水质变化及病害发生情况，调节水质、防治病害并做好记录。

2. 鱼种培育

（1）鱼种质量　鱼种应符合《淡水鱼苗种池塘常规培育技术规范》（SC/T 1008—2012）的规定。

（2）鱼种放养前应注意事项　鱼种放养前，池塘的准备工作按《淡水鱼苗种池塘常规培育技术规范》中第5章执行。鳜鱼苗、饵料苗下塘前一定要消毒，用3%～5%的食盐水或2.0毫克/升的高锰酸钾溶液浸洗后下塘。

（3）鱼种放养　放养规格为2.5～3厘米的鱼苗，放养密度为0.3万～0.5万尾/亩。

（4）日常管理

① 饵料鱼配套。在进行鳜人工繁殖之前，池塘亩放麦鲮苗80万～100万尾，培育1周后，每3天捕捞1次，捕捞量根据鳜鱼种的放养量和饵料鱼的需要而定。饲养管理同常规的苗种培育，但要控制饲料的投喂量，以保证饵料鱼与鳜鱼种同步生长。

鳜鱼苗放养前，于鳜鱼苗培育池塘中投入10倍鳜数量的麦鲮苗（如亩放1万尾鳜鱼苗，投入10万尾麦鲮苗），以后每隔10天投1次相同数量的麦鲮乌仔，至鳜鱼种规格达6～8厘米，转入成鱼养殖。

② 巡塘与记录。专人管理，每天早、中、晚巡塘，观察鱼种是否有浮头、发病迹象。加强观察，做好水质及鱼种状态的检查和记录。

三、健康养殖技术

（一）健康养殖（生态养殖）模式和配套技术

1. 环境条件

（1）池塘条件的选择　池塘环境条件应符合《农产品安全质量　无公害水产品产地环境要求》的规定。面积5～10亩为宜，水深1～1.5米。池塘长方形，塘底淤泥厚度小于15厘米。池底平整，易于拉网操作，淤泥保持在15厘米以下，不渗漏。

（2）水源　水源充足，排灌方便。水源水质应符合《渔业水质标准》的规定并保持水量长期稳定。

2. 放养密度

鱼苗下塘时，须按每立方米水体用甲醛30～40毫升药浴鱼体5～10分钟，以杀灭寄生虫和病菌。3厘米“鼎鳜1号”最适放养密度：华南地区为4 000尾/亩，其他地区为1 500尾/亩。养殖6～8个月，华南地区亩产可以达到2 000千克以上，其他地区亩产可以达到750千克以上，养殖存活率可以达到80%以上。

3. 饲养管理

投喂坚持定时、定点、定质、定量的原则。首次投放饵料鱼量为全雌鳜“鼎鳜1号”数量的10倍，之后每15天投1次适口的新鲜无毒的饵料鱼，投饵量为全雌鳜“鼎鳜1号”放养量的4～5倍；饵料鱼以鲮、鲢为佳，尺寸控制在全雌鳜“鼎鳜1号”体长的1/3左右。每日巡池1次，观察全雌鳜“鼎鳜1号”的摄食及活动情况；监测水质、水位变化情况，检查养殖设施并做好记录。

4. 养殖技术要点

（1）提供足量、适口的饵料鱼　提供足量、适口的饵料鱼是提高“鼎鳜1号”成活率的关键。若饵料鱼供应不足，鳜之间就会相互吞食，攻击者往往因吞食不下而被对方躯体卡住，结果双双死亡。

（2）保持良好的水质　“鼎鳜1号”喜欢水质清爽、溶解氧丰富的水域。若培育“鼎鳜1号”的池塘面积小、水浅，放养密度大，容易导致水质恶化，进而使鳜体质下降而发生疾病。

（二）主要病害防治方法

1. 纤毛虫病（车轮虫、斜管虫病）

（1）病因　属原生动物感染鳜所致。斜管虫和车轮虫常常是同时寄生。主要寄生于鳃丝上，鳍条、体表也寄生。水、水生生物和渔用工具均可能成为虫体的传播媒介。

（2）主要症状　病鱼体表皮肤和鳃部苍白色，鳃丝呈块状腐烂，体色发黑，时缓时急地转圈，行动呆滞，病鱼浮头靠近池岸，口张开，呼吸困难，并发烂鳃病，病重时鱼体失去平衡，上下浮动，最后导致死亡。若不及时处理，死亡率很高；若延缓杀虫治疗时间，即使杀死寄生虫，但因鱼的鳃组织被破坏，难以恢复，不久便死亡。

（3）流行季节　鳜全年都可感染这两种虫，春夏季阴雨天发病更多。在苗种培育中，该病是一种主要疾病，严重时可引起鳜大批死亡。

（4）防治方法　应彻底清塘或对水泥池消毒；管好水源，保证水质清新，确保溶解氧充足。在水泥池中鳜出现该病，可用甲醛溶液浸泡治疗，浓度是

30～50毫升/米^3，治疗时要充分充氧，治疗后立即换清洁的水并充氧。当鳜移入池塘中饲养时，交叉选用溴氰菊酯、阿维菌素全池泼洒，以防治该病。

2. 指环虫病

（1）病因　该病由指环虫寄生引起。

（2）主要症状　表现为病鱼浮头慢游，体色变黑，会引起鳃丝肿胀、贫血，烂鳃，鳃部黏液增多，呼吸困难。病鱼浮于水面，鱼体离水时鳃盖张开，身体消瘦，眼球凹陷，用放大镜即可看到白色虫体。因为鳃部常受大量虫体的刺激，致使鳃丝出血、坏死，发生烂鳃等症状，严重时并发细菌性烂鳃病，其死亡率甚高。

（3）流行季节　在鳜各生长阶段均有发生，夏秋季流行较严重，尤以鱼种阶段危害最大。

（4）防治方法　对饵料鱼进行严格检查和消毒，因为大部分指环虫由饵料鱼带入，对饵料鱼用5%的食盐水药浴15分钟。用甲苯咪唑溶液0.1毫升/米^{3}全池泼洒，1周后再使用1次。

3. 小瓜虫病

（1）病因　由多子小瓜虫的幼虫感染引起。

（2）主要症状　表现为不摄食，体表尤其背部形成小白点，进而分泌大量黏液而形成囊泡。

（3）流行季节　水温25℃以下，发病率较高，水温27℃以上发病较少，该病是鱼种阶段危害较严重的疾病之一。

（4）防治方法

预防方法：用生石灰彻底清塘。

治疗方法：①用100毫升/米^{3}的甲醛溶液浸洗鱼种10～15分钟；②用甲醛溶液泼塘，浓度是15～25毫升/米^3，治疗时要充分充氧，治疗后立即换清洁的水并充氧。注意对小瓜虫病千万不能用硫酸铜或者食盐去治疗，这些药物不但不能杀灭小瓜虫，反而会引起小瓜虫形成孢囊，从而进行大量繁殖，使病情恶化。

4. 细菌性肠炎病

（1）病因　此病病原为肠型点状单胞菌。病因常是鳜吞食了带肠炎病的饵料鱼而受感染，或因饥饿后又饱食引发该病。

（2）主要症状　病鱼不摄食，体色发黑，浮游于水面，肠道有气泡及积水，病鱼的直肠至肛门段充血红肿；严重时整个肠道肿胀，呈紫红色，轻压腹部有黄色黏液和血脓流出。

（3）流行季节　水温在18℃以上开始流行，流行高峰在水温25～30℃的4—6月。鱼种至成鱼阶段均可受到该病的危害。

（4）防治方法

① 加强鳜的饲养管理，不要让鳜苗种时饥时饱。选择适口饵料鱼，一般为鳜体长的 1/3 左右，以防饵料鱼过大擦伤肠腔诱发鱼病。

② 将鳜池的水体予以消毒，可用 1 克/米^3 二氧化氯全池泼洒，每半月消毒 1 次。

③ 饵料鱼投喂前用 5%的食盐水浸洗进行消毒处理，并清除病、残、弱饵料鱼，消灭传染源。

④ 给饵料鱼投以药饵：投喂大蒜素，每 100 千克饲料添加大蒜素 0.1 千克，连续投喂 5～7 天。吞食药饵后再被鳜吞食，使鳜间接服药得以治疗。

5. 细菌性烂鳃病

（1）病因　由柱状嗜纤维菌感染引起，带菌鱼以及被污染的水和塘泥是主要传染源。

（2）主要症状　病鱼鳃上黏液增多，鳃丝肿胀，部分鳃丝有小出血点；病情严重时，鳃丝上附有污泥，鳃丝末端软骨外露，鳃盖内表皮也伴有充血发炎的现象。

（3）流行季节　每年 4 月底至 11 月初是该病的流行时期，在 15～30 ℃水温范围内，水温越高越容易暴发流行，患病鱼死亡的时间也就越短。鱼种至成鱼均可受到该病的危害。

（4）防治方法　可用 1～5 毫升/米^3 的浓戊二醛、聚维酮碘等进行防治。

6. 暴发性出血病

（1）病因　由传染性脾肾坏死病毒感染引起。

（2）主要症状　发病初期，病鱼症状主要表现为鳃盖、各鳍条、体侧有不同程度的出血斑点，鳃丝充血，肝和胆囊肿大并有点状充血，肝表层深黄色或浅白色，肠内有淡黄色物质；后期出现眼下球和鳃盖充血，离群独游，缓游于水面，摄食明显下降，很快死亡。

（3）流行季节　在夏、秋两季最为流行。在 25～30 ℃水温条件下，有的发病池甚至全池死亡。

（4）防治方法　可在鳜体重约 15 克时，注射鳜传染性脾肾坏死病毒病灭活疫苗进行防治。

四、育种和种苗供应单位

（一）育种单位

1. 广东梁氏水产种业有限公司

地址和邮编：广东省佛山市三水区西南街道青岐竹洲路口 5 号，528100

联系人：韩林强
电话：13715476806

2. 中山大学

地址和邮编：广州市海珠区新港西路135号，510642
联系人：张勇
电话：13826091886

（二）种苗供应单位

广东梁氏水产种业有限公司

地址和邮编：广东省佛山市三水区西南街道青岐竹洲路口5号，528100
联系人：梁健辉
电话：13709604597

五、编写人员名单

张勇，李桂峰，韩林强，梁健辉，李水生